別忙著加班

只當職場中的反應機器

Do Your Duty

你不需要更強，只需要更準！

學會減法工作法、任務設計與節奏安排，從瞎忙跳脫到穩定高效

忙不代表有價值，做對才是真正的產出
行事曆再滿，也敵不過方向錯誤的執行
與其追求時間管理，不如學會行動設計

從今天開始用對方法
找回屬於你的真正成就感！

宋柏丞 著

目錄

前言

我們都曾有過這樣的時刻：任務一項接一項來，訊息叮咚響個不停，開會像是日常常態，筆記本裡寫滿的待辦事項，每劃掉一項，就又多出三項。我們拚命往前跑，每天做很多事，卻在某個夜晚躺在床上時，忍不住問自己一句:「我今天到底完成了什麼？」

這種疲憊，不只是身體上的，是心理上的模糊感與失控感。你並非懶惰，也不是不努力，而是用盡全力在奔跑，卻沒時間看清楚你到底在往哪裡跑。

我們被教導要努力、要堅持、要自律。但很少有人告訴我們：再多的努力，若沒有對準方向，只會讓你更快迷路。

我寫這本書，不是為了再教你一套硬邦邦的時間管理術，或者又一種勵志方法學。我想和你談的是「做事的方法」，一種真正能在你生活與工作中落實的行動設計 —— 不靠意志力堆疊，而是靠選擇、系統與思維切換，來減少耗損、提升成果。

我訪談過職場中真正高效的人，看過創業者如何打造不靠加班卻能持續輸出的節奏，也從心理學研究中找到許多值得轉譯成實用工具的觀念。我更將這些觀察濃縮成一系列可操作的方法與流程，幫助你不只是「知道要改變」，而是「做得到改變」。

如果你曾經——把行事曆排滿卻總覺得進度落後；一直在做事，卻沒時間思考方向；想開始做重要的事，卻老是被雜事拖住；面對任務總是「開始很有勁、後來卡關」；習慣自己扛完所有事，最後卻精疲力盡……那麼這本書，就是寫給現在的你。

我們會一起重新理解「執行力」的本質，學會為自己做決定、設計節奏、管好注意力，也懂得什麼該自己做、什麼該交出去。你不需要成為什麼完美的超人，你只需要有一套可以每天重複使用的方法，幫助你在關鍵時刻做出正確選擇。

本書共分為十章，每一章都是一堂「重新學會做事」的課。我們從思考開始、再到時間管理、再進入執行設計與團隊協作，最後回到你這個人本身——因為真正能撐起一切行動的，是你內在的清晰與穩定。

我希望讀完這本書的你，不會再用忙碌證明自己，而是能夠慢慢學會，用對的方式去完成該做的事，並在過程中，重新找回行動的成就感與生活的秩序感。

第一章
起點不是忙，而是對的方向

1-1
你真的知道自己在忙什麼嗎？

有段時間，馬修幾乎每個夜晚都加班到凌晨。他是矽谷某家新創公司的產品經理，負責帶領團隊設計一款全新的 B2B SaaS 工具。從 UI 調整、用戶反饋、開發時程到跨部門協作，他幾乎樣樣親力親為。團隊的人說他是最有責任感的主管，連 UI 設計圖的細節都會一一確認；而他的老闆也總認為，「馬修最能扛事」。他以為，這就是效率 —— 把每件事都確實做完、每個問題都即時處理、每次會議都親自參與。

直到某天，他在醫院急診室裡醒來，才第一次意識到，他一直以來的「忙碌」，其實是另一種形式的迷失。那次住院診斷是輕微心肌炎，主因是長期高壓與睡眠不足；但更深的後果，是公司高層在他休養期間檢視專案進度時，發現整體時程已嚴重延遲，而且多數任務缺乏有效授權與流程標準。當他回來後，公司做出重組決定 —— 他被調離專案負責人一職。

在後來的公開訪談中，馬修這麼說：「我不是沒努力，而是我把所有精力都放在不是我該處理的事上。忙，不等於有效。」

這句話，敲醒了許多職場人。

我們總以為，只要夠忙、夠投入、夠努力，就能走向成功。但真相往往相反：很多人「看起來很努力」，其實只是「很會耗損自己」。他們有能力，卻不知道該把能力用在哪裡。

忙起來很有安全感，但也可能是種逃避

心理學家提姆·派克爾（Tim Pychyl）在長期研究拖延行為後指出，現代人對「生產力」存在一個普遍卻深刻的誤解：我們常以為，只要持續在「做事」，就是在前進。但實際上，許多看似勤奮的忙碌，只是為了逃避那些真正重要、但更具壓力的任務。

當我們花大量時間整理信箱、潤飾簡報、參加會議、即時回應訊息，看起來彷彿非常投入工作，其實這些行為常成為我們逃避真正需要判斷與承擔風險的任務的「遮蔽」。這些任務，才是能推動我們前進、帶來實質改變的關鍵行動，但也往往伴隨著不確定感與心理負擔。

皮科克指出，這樣的行為模式並非單純的時間管理問題，而是一種情緒調節策略——我們用瑣碎的小事來迴避壓力，進而延遲面對真正的挑戰。他提醒我們，「忙碌，不等於有效。」生產力的真正核心，不在於你完成多少件事，而在於那些事情是否真的重要、是否正在引導你走向目標。

試著問自己下面這些問題——

你今天忙的事，和你真正的目標有關嗎？

你回覆的每一封訊息、參加的每一次會議，真的非你不可嗎？

你手上那些沒做完的任務，為什麼會被拖延？

這些問題，也許我們早就知道答案，但我們很少願意面對。因為承認「我在瞎忙」這件事，比繼續裝忙更困難。

高產出的人，不靠忙碌證明價值

我們常聽到一句話：「努力不一定成功，但不努力一定不會成功。」這句話當然沒錯，但也很容易讓人誤以為「成功＝拚命」。

事實上，許多在職場真正高產能的人，往往都不是最忙碌的。他們也一樣努力，但是努力得非常精準。

哈佛商學院研究指出，成功管理者的共通點是「高命中率的行動選擇」：他們知道自己的價值在哪裡、清楚哪些事該由誰做、敢於拒絕模糊任務，也能設下清楚界線，把注意力花在最值得的地方。

再來看一個例子。知識平臺Farnam Street的創辦人沙恩·帕里什（Shane Parrish），曾在一次訪談中坦承，自己也曾深陷所謂「瞎忙的陷阱」。早年在加拿大政府的情報體系任職時，他的日常充滿無止境的會議、郵件往返與即時處理的任務交辦，讓他誤以為這樣的忙碌代表著價值。那種被需要、被填滿的感覺，帶來一種表面上的成就感。直到有一天，他回顧自己的工作清單，卻驚訝地發現——那一整週，竟沒有任何一件事真正與「個人價值創造」有關。

他形容那段時期的自己：「就像一臺高速行駛、卻毫無方向的跑車。」外在看來動能十足，內在卻缺乏目標導向與深度反思。這個領悟成為他轉變的起點。

派瑞許開始嚴格檢視自己的時間使用，並建立了「優先順位清單」制度。他在每週一早上固定撰寫一張紙條，列出本週最重要的三項高價值任務——那些真正能推動進展、帶來長期影響的關鍵行動。接著，他會在行事曆上畫出數段「不可打擾時段」，專門留給深度工作，避免被日常瑣事稀釋注意力與判斷力。他發現，這樣的安排不僅提升了產出的品質，也讓他重新掌握了生活與工作的節奏。

真正的生產力，並不在於填滿時間，而在於我們是否願意騰出空間，處理那些最值得投注心力的事情。

忙碌與有效的差別在哪裡？

為了幫助你進一步釐清自己的行動方式，下面這份簡表提供了「忙碌」與「有效」之間的典型差異：

判斷面向	瞎忙狀態	有效狀態
行動對象	誰來找我就做誰的事	先做最重要、最有價值的事
行動順序	先做急的	先做對的
情緒狀態	常常焦慮、壓力大但沒成就感	專注清楚、偶有壓力但有方向
排程方式	隨機應變、見招拆招	主動規劃、有意識設定重點
任務性質	多為短期、瑣碎、回應式	多為策略性、關鍵性、有影響力的
行動成果	很累但無明顯進展	可衡量的成效與進度清單

這個對照表是在幫助你看見：很多時候你之所以「累」，是因為你把力氣花在錯的地方。真正的職場高效，是一種選擇性的努力，是懂得取捨與聚焦的能力。

如果你常覺得自己做很多事但收穫不多，如果你下班後常有一種「今天到底完成了什麼？」的茫然，那麼，很可能你正陷在一種「高密度行動、低效率成果」的循環中。

你不需要更努力，你需要更清楚。

這一節，我們只是幫你打開了第一道門：看見「瞎忙」的輪廓，辨識真正的問題。接下來的內容，我們會引導你從三個關鍵問題出發，重新梳理目標、建立判斷點，並開始打造屬於你自己的高效工作系統。

用這個練習，看看你現在的「忙」是什麼模樣

如果你想知道自己是不是正在瞎忙，不妨試試看下面這個練習。我稱它為「一日忙碌地圖」。

請你回想自己昨天的一天 —— 從起床開始到睡前為止，把所有有明確記憶的活動列下來，包含工作、通勤、回訊息、會議、瀏覽網路、與人互動、家務、滑手機等等。別怕麻煩，越細越好。

接著，試著將每一個活動分別標記為以下三類之一：

(1) 創造性任務：這些活動是你主動推動、會帶來價值或成果的(如提案、寫報告、設計、解決問題等)。

(2) 維持性任務：這些活動是你必須做，但並不是為了創造價值，而是僅僅維持日常運作(如回信、例行報告、資料歸檔、開會等)。

(3) 消耗性任務：這些活動對你沒有實質貢獻，可能是被動應付、分心拖延、為了填補空白感而進行(如頻繁查看社群、無意義切換視窗、滑手機無目的內容)。

完成分類後，你會發現一些驚人的事：

- 你花最多時間的，不一定是創造價值的任務。
- 某些你以為「必做」的工作，其實只是慣性反應。
- 你真正的疲憊，可能只是來自大量「消耗性任務」的堆疊。

你不用做到完美，也不用在一天內全部改變。但光是知道自己的時間怎麼分配、精神怎麼被使用，就是改變的起點。

接下來，我們會繼續從「方向判斷」的核心切入，透過三個關鍵問題，幫你重新聚焦你真正該花力氣的事。

不要再把自己忙壞了，也別再用疲憊來證明價值。從現在開始，讓我們學會用對的方法，做對的事。

1-2 開始之前，先問清楚三個問題

我們常說「行動力很重要」，但真正困擾多數人的，並不是沒行動，而是做錯了方向。很多人努力地把力氣花在次要任務上，陷在「看起來很忙」的陷阱裡。與其強調「要馬上開始做」，不如先停下來，問問自己一個更重要的問題——這件事真的值得做嗎？

當一個人沒有方向感，越努力，只會離正確的位置越遠。正如同你不清楚終點在哪，再會開車也只是繞圈。真正能產生成果的行動，是「對準目標再行動」。

我們不缺行動力，而是缺方向感

在許多工作現場，你會發現一個弔詭現象：執行速度最快的人，往往不是最有成果的人；反而那些看起來「不急著開始」，但願意把事情想清楚的人，最終成果往往更穩、更準。

行動前的思考，並不是浪費時間，而是一種節省能量的投資。與其等做了一半才發現走錯路，不如在一開始就問對問題。

那該問什麼問題？又怎麼問？

這裡提供三個簡單但關鍵的提問，幫助你在開始前判斷一件事情值不值得做、應不應該做、現在是不是做的時機。這三問，就是一套幫你校正方向的指南針。

三個關鍵提問，幫你對齊目標軸線

· 問題一：「這件事，和我的核心目標有關嗎？」

看起來再合理的任務，如果和你的終極目標無關，其實都是干擾。

我們之所以會常常偏離方向，是因為太容易被「看起來重要的事」綁住。舉例來說，你明明正在規劃一份長期的提案，但收到一封急件簡報的修改請求，就立刻跳過去處理。你的專業能力依舊，但你的大腦被急迫感騙走了判斷力。

有效的行動，是回到那個對你來說最值得投入的目標。

一個簡單的做法是：在每項任務旁邊寫下「這與我三個月內的主要目標有關嗎？」如果答案是否定的，就先不要做，或者調整比重。

· 問題二：「這件事，真的非我來做不可嗎？」

很多人陷在「一個人扛全部」的輪迴裡，不是因為別人不做，而是自己習慣不放手。也許你會說：「我做比較快」、「交出去反而還要收拾」。但你要明白：每一件你接下來的事，都在壓縮你做真正該做事的時間。

如果你總是覺得自己很忙，那很可能是你在幫太多人做「他們的事」。真正高效的人，會區分哪些是自己責任內該處理的，哪些可以授權、請求支援，甚至乾脆不做。

這並非推卸責任，而是保護你的決策力和專注力。別當都能做的人，要當可以將能力放在真正需要你的人、事、目標上的人。

· 問題三：「這件事，現在是最好的時機嗎？」

即使是一件該做的事，也未必現在就要做。有些事太早做，資訊不足；太晚做，時機錯過；正確的時間點，是結合了任務重要性與當前情境條件的判斷。

時間管理不只是「分配時間」，更是選擇時機的藝術。

這也是為什麼很多高效人士都會有「任務排序清單」與「行動窗口」的設計。他們會根據任務緊急度、資源可用性、精神狀態等因素，決定什麼時候做什麼事。你不用什麼都做得到，但至少要有意識地選擇何時啟動。

問問自己：「我現在有充足的資訊、心力與資源來處理這件事嗎？」如果沒有，你就應該先花點時間準備好再開始。

這三個問題，乍聽之下都很簡單，但實際執行時需要意識力的介入，才能對抗慣性。因為我們的大腦太容易自動化 —— 來了訊息就回、來了任務就做、有人開口就答應。我們以為這是負責任，實際上往往是沒思考。

真正有系統的執行力，是能在行動前多問一秒鐘。那一秒鐘的提問，會讓你省去後面三十分鐘的彌補。

這三問不只是判斷是否執行的門檻，也是幫助你釐清角色定位與資源分配的工具。當你每天開始行動之前，先花五分鐘思考這三個問題，你會驚訝地發現自己可以不那麼累，卻做得更多、更有成效。

如何在生活中運用這三問？

讓我們用一個簡單的情境來試試這三問的威力。

假設你是一位行銷企劃，在週一早上同時收到三個任務：

(1) 部門主管希望你幫忙校對一份與你無關的簡報

(2) 客戶提出一個想法，希望你本週內回覆可行性
(3) 你自己規劃的品牌重整提案初稿原訂週五完成，但尚未開始撰寫

這時，你若習慣性地回覆訊息與幫忙，很可能又要進入「先處理別人的事，再回頭做自己的事」的循環。

但如果你先問這三個問題——

這件事和我核心目標有關嗎？（品牌提案關係最大）

這件事非我來做不可嗎？（校對簡報完全可由助理處理）

這件事現在是最佳時機嗎？（客戶提問可安排週三討論、非即刻回覆）

你就會重新調整優先順序，保住了你對自己最重要工作的進度與節奏。

從今天開始，不要急著做每一件事。

把「三問」變成你每天的判斷引擎

你也許會想：「我知道這三個問題很重要，但每天工作那麼多，真的能常常停下來問自己嗎？」

這正是多數人一開始會遇到的障礙。習慣性行動，往往

是我們處理事情最快的方式，短期看來很高效，但長期會讓我們陷入反射式應對的模式，失去了判斷的空間。

為了讓「三問」真正內化到生活中，你可以每天試著做一件小事：寫下你當天要做的三件事，然後為每一件事套用一次三問。

你可以這樣寫在筆記本上，像這樣：

今天的三件事：

(1) 準備 A 客戶簡報初稿

(2) 回覆上週未回的六封合作信件

(3) 安排團隊下週會議時程

· 任務一

「和目標有關嗎？」是

「非我不可嗎？」是

「現在是時機嗎？」是

→立刻行動

· 任務二

「和目標有關嗎？」有關

「非我不可嗎？」否

→可請助理草擬初稿

· 任務三

「和目標有關嗎？」關聯低

「現在是最好時機嗎？」否

→延後處理或改成週五安排

每天只要花五分鐘，這個小練習會漸漸幫你養成「判斷後才行動」的肌肉記憶。久而久之，你會發現自己越來越能掌控節奏，也更清楚什麼是該你做的，什麼是可以調整、協調、甚至不做的。

別小看這五分鐘的價值。很多人有能力，卻沒有給自己一點時間看清楚。當你開始問問題、開始選擇，就開始回到你工作的主導權上。行動從此不再只是回應，而是真正的前進。

1-3　成功的人做得最精準

在我們的成長歷程中，「多做一點」常被當成是努力的象徵。學生時代多做練習題，工作時多接幾件任務，下班後再幫同事解決問題，久而久之，我們內建了一種觀念：做越多＝越優秀。

但進入職場一段時間後，你會開始發現一個現實：那些真正讓人信賴、晉升快速、產值穩定的人，並非工作最多的那群人。他們往往反而做得「比別人少」，但做得比別人精準。

他們懂得精準投入。與其疲於奔命，寧願慢一點、少一點，但每次出手都對準核心。因為他們明白：真正的效率是精準產出。

忙不等於有產值，速度快也不代表有效

我們可以從一個常見的誤區開始拆解：許多人以為，只要行事曆排得滿、訊息回得快、任務接得多，就代表自己效率高、表現好。表面上看起來像是責任感強，但在心理學與

行為研究的觀點裡，這樣的狀態其實很容易導致情緒耗竭（emotional exhaustion）與職場倦怠（burnout）—— 尤其當這些任務大多屬於瑣碎或低決策負荷的工作時。

行為科學中有一種現象被稱為偽生產力（pseudo-productivity），意指人們經常透過完成大量低價值任務，來獲得短暫的成就感與忙碌錯覺。像是整理信箱、微調簡報格式、即時回應聊天訊息，這些行為雖然看似「努力」，卻未必能真正推動重要任務的完成。這並非否定努力，而是對「努力的方向」提出檢視。

要打破這種錯覺式的忙碌循環，我們可以練習自問幾個關鍵問題：

我現在做的這件事，是否真的能推進重要成果？

如果我今天不做這件事，會帶來實質損失嗎？

我是在完成任務，還是在逃避更困難的挑戰？

是不是因為「空下來會有罪惡感」，所以硬是找些事來填滿時間？

這些提問源自心理學中對行為逃避（behavioral avoidance）的理解，亦與當代對生產力焦慮（productivity anxiety）的研究觀點一致。當我們越誠實地面對這些問題，就越容易發現：有些我們主動接手的工作，其實並非真正屬於我們責任範疇，也未能有效累積個人價值。

效率，不在於你有多忙，而在於你是否把精力投注在對的地方。

做很多的人，為何常常被忽略？

來看一個真實職場對照案例：

在一家新創科技公司中，有兩位中階主管：凱文與莎拉。

凱文總是加班最晚的人，會主動幫同事寫報告、修改簡報、整理會議紀錄；幾乎沒有任務他不參與。但一年過去了，部門績效評比中，他的項目成果居然是最低的。

相對地，莎拉幾乎不參加非必要的會議，經常把工作分派給團隊執行，每週只專注在兩到三個核心專案上。但她每一個專案的交付率都極高，並能準時落實，影響指標也最明確。最後晉升的不是凱文，而是莎拉。

你可能會說：「莎拉比較會管人」。但實際上，她真正擅長的，是判斷。她知道自己在哪些任務上要親自出手、哪些可以授權、哪些乾脆不碰。她掌握的是「行動精準度」。

莎拉的例子讓我們明白一件事：現代職場不用一定要萬能型員工，但是要能讓關鍵任務推進的人。

精準工作的三個核心關鍵

如果你也想成為一個「不靠做多，而靠做對」的人，可以從以下三個面向開始調整：

1. 建立「槓桿效應」思維

思考：這個任務，是否能產生多重價值？是否能影響多個人？是否能重複使用？

與其把時間花在只能做一次、影響很小的任務上，不如集中資源投入一件有放大效益的事。這就是所謂的「槓桿型任務」—— 讓你做一次但產出多次、影響廣泛。

舉例來說，與其一封封回應內部提問，不如整理成一份 FAQ 流程，讓整個團隊共享；或是一次寫好一套 SOP，未來就可以少解釋十次。這些都是用時間去創造「系統性成果」的做法。

2. 把「可交付成果」當成行動基準

高效的人不會被「活動」騙走，他們只關心「產出」。

你可以問自己：「我今天的行動，有產生任何可交付成果嗎？」而不是問：「我今天開了幾場會？處理了幾件事？」

可交付成果包括：已完成的文件、交付的設計、發出的簡報、解決的問題、完成的任務結尾……這些才是你真正在組織裡留下的「存在證明」。

3. 讓任務具備「放棄機制」

真正成熟的行動者，都懂得在過程中設計「判斷點」：什麼時候該調整、該喊停、該轉向。

不是所有任務都值得執行到最後。有些專案一開始看起來有價值，但中途條件改變、成本過高或已經不符現況，那就該勇敢放掉。

放棄是資源再分配的開始。越早願意設停損點的人，越有可能保住更大的資源池與執行能量。

你可能不覺得自己效率差，但其實很多行為正在默默讓你離成果越來越遠。以下這些，就是我們常見的「努力了，但其實沒產出」的行為模式：

行為樣態	**看起來很努力，但其實產出不明**
每封信都自己回	沒時間處理真正重要的任務
每場會議都參加	被動耗損注意力，無法思考策略
不分大小都自己做	能力無法集中在專長處

行為樣態	看起來很努力，但其實產出不明
報表做得精美、每天整理一次	沒人看、也無實質影響決策
覺得「手上沒事」就焦慮	無意識填滿時間造成過勞

這張表是在幫助你辨認：你是不是正在努力，但方向錯了。你不用馬上改變一切，但你可以從「刪掉一件低價值任務」開始，把時間還給重要任務。

精準不是少做，而是只做該做的

很多人聽到「不要做太多」會感到不安，彷彿是逃避責任；但其實，「做少但做準」是一種成熟的執行選擇。

當你選擇聚焦，你其實是在為自己與團隊負責。你用更清楚的判斷，避免分心、避免重工、避免內耗，最終讓產出更有價值，也讓人更敢信任你。

精準行動，是需要勇氣的。它需要你拒絕無效的任務、減少無關的參與、適時說不，也願意承擔「不證明自己很忙」的心理不安。

但當你開始這樣做，你會發現真正的效率來自於你越來越懂得保護自己，把力氣放在最值得的地方。

接下來，我們將一起探討如何從「做很多」轉化成「做對」，並學會建立屬於自己的任務選擇系統。下一節將帶你從實務面出發，打造個人高效行動的三部曲。

1-4
從「做得多」轉向「做得對」

我們已經談了三節內容，幫助你辨識什麼是「瞎忙」、如何問出行動前的關鍵問題，以及為何做得準比做得多更重要。

但若你看完之後心裡仍有一個疑問：「那我該怎麼開始調整呢？」—— 這是非常自然的。因為我們早已習慣了「以忙碌換成就」的模式，要切換成「聚焦與選擇」的思維，不只是調整工作方式，更是改寫思考習慣。

這一節，我們就來做這件事：把前面的觀念，轉化成你每天都能實作的決策方式。

不是更努力，也不是更快，而是更有意識地去選擇 —— 什麼事值得你做、什麼時候該做、用什麼方式做。

很多人說自己時間不夠，其實不是缺時間，而是缺一套用來過濾任務的機制。

讓我們設想一個畫面：你每天早上起床，面對滿滿的行事曆、代辦清單、LINE 訊息、突發狀況時，你的大腦有沒有「預設的篩選流程」？

多數人其實是沒有的。我們靠直覺行事、憑感覺做決定、被別人的優先順序綁走。久而久之，我們做了很多事，但從沒主導過這些事的選擇。

那麼，要怎麼建立自己的選擇機制？下面我提供一個三步法，幫助你從「什麼都做」轉向「只做對的事」。

三步驟，打造你的「行動選擇系統」

1. 第一步：明確定義你的「價值任務」

請問你目前職場角色中，最能體現你價值的任務是什麼？

這個問題乍聽很簡單，但很多人其實答不上來。他們只知道每天要處理什麼，但不確定什麼才是最值得被做好的事。

你可以這樣想：如果你今天只能完成三件事，就只能留下會讓人記住你、信任你、依賴你的那三件。那會是什麼？

通常，這樣的任務具備幾個特徵：

- 對成果有直接貢獻（不是支援、不是間接）
- 不可替代性高（別人無法取代你）
- 與你的專業價值或關鍵目標對齊

舉例來說，對一位行銷主管而言，「規劃一場行銷策略會議」比「回每封合作提案信」更有價值；對設計師而言，「建立新產品的風格規範」比「修改一張已確認過的圖」更值得優先處理。

你可以每天早上先列出「我今天的三件價值任務」，並將它們放進你時間表的黃金時段。這就是你選擇的起點。

2. 第二步：建立「預判型日計畫」

傳統的行事曆是記錄做了什麼，但真正高效的人會預判任務需求與執行時機，並將其主動設計進日程。

你可以從前一天晚上或當天早上做一件事：畫出一張「任務重要度 —— 執行時機」雙軸圖表，將你所有待辦依據以下原則放進格子：

任務分類	**處理建議**
重要＋即將到期	立刻安排時間完成
重要＋尚可延遲	預排黃金時段執行
不重要＋緊急	思考是否可轉交、簡化
不重要＋不緊急	考慮刪除或延後決定

這樣的預判機制是為了訓練你掌握什麼值得提前動手、什麼可以不理會。久而久之，你會從「被任務追著跑」變成「主動安排出手時機」的人。

3. 第三步：內建「評估與調整」回路

所謂的「高效」並不是一口氣做到底，而是邊做邊判斷是否還在正確方向上。不要讓你的力氣花在不對的地方。

應用練習：
試著用三步驟處理你手上的三件事

假設你是行銷部的資深企劃，今天面臨以下三件任務：

(1) 幫主管校對一份非你負責的簡報

(2) 回覆五封供應商來信詢問促銷規則

(3) 完成下週新品發表活動的行銷策略報告草稿（這是你主要 KPI）

你可以這樣套用三步驟系統：

· 第一步：明確價值任務

→任務 3 明確與 KPI 對齊，優先保留

· 第二步：預判時機安排

→任務 3 放在早上最清醒的 90 分鐘，任務 2 下午排集中回覆，任務 1 視情況轉交或簡略回覆主管

· 第三步：評估與調整

→結束當天時重新檢視，是否策略報告已推進？是否供應商回覆方式可統一簡化？是否未來可預先請主管指定校對人選？

你不用照本宣科，這種練習是在幫你養成一種判斷框架。當這樣的判斷成為直覺，你的工作節奏就可以跳脫「從清單開始」，轉而從「選擇與對焦」開始。

把選擇當成日常

很多人會說：「等我忙完這一陣子，就來好好安排。」

但事實是，如果你不從現在開始建立這套選擇機制，你永遠都會有下一個「這一陣子」等著你。

你不需要一次做出巨大改變，只要從一次清醒的選擇開始。也許是你今天選擇不回一封沒有實質貢獻的會議邀請；也許是你明天早上，先花 15 分鐘處理自己的提案，而不是先清空信箱；也許是一週中你安排一段「深度不被打擾」的

時段，哪怕只有 30 分鐘。

這些看起來微小的選擇，其實是在訓練你的大腦：我是為了對齊方向而動。

你可能會擔心：如果我做得少，別人會不會以為我沒那麼努力？這個念頭，其實我們每個人都有。但請你記得，你是在建立一套更有效率、也更保護自己的工作方式。

一個不懂得選擇的人，很容易把自己淹沒在別人的期待裡；而一個懂得選擇的人，會讓自己在正確的位置上，發揮最大的影響力。

選擇，不代表你少做，而代表你更負責任。你願意為自己的時間做決定，願意說「這不是我該做的」，願意承擔做出選擇後的結果，也願意放過自己不再什麼都扛。

當你不再用疲憊證明努力、不再用忙碌換來安全感，而是以一種穩定、清楚、有方向的方式過每一天，這不只是執行力的展現，更是一種自我照顧的成熟。

從今天起，把選擇變成習慣

我們常以為，真正的效率來自「會分秒必爭」，但其實，真正有成果的人，是那些敢於減少、不怕空檔、清楚知道什麼事該做、什麼事可以放下的人。

選擇，是執行的起點，也是產出的方向感。

你不用變成完美的計劃者，而是要練習每天多做一次正確的選擇 —— 正確的任務、正確的排序、正確的時間與方式。

當這樣的選擇不再只是偶然，而變成你日常的一部分，你就會慢慢從「拚命做事」的人，成為那種安靜但堅定、有方向而穩定產出的人。

這，才是我們真正想要建立的行動力。

第二章

把時間變成你的盟友

2-1
明明有時間，但是你不會分配

艾蜜莉是一位行銷顧問，最近剛接下兩個中型品牌的年度行銷專案，每週工作時數超過五十小時。雖然工作充實、收入穩定，但她總覺得自己被時間追著跑。她的行事曆從早上 9 點排到晚上 6 點幾乎沒有空檔，中午常常一邊吃飯一邊回信，晚上回家後又會打開電腦補進度。即便如此，她還是經常錯過一些重要任務的交付期限，或在會議中發現自己沒時間準備好該呈現的資料。

「我真的沒有偷懶，但每天的時間就是不夠用。」她這麼說。

這種「時間不夠」的感覺，幾乎是現代知識工作者的日常。然而，當我們仔細去看那些真正產出穩定、壓力卻不爆炸的人，就會發現他們不是比較閒，也不是比較會壓榨自己，而是他們對時間的看法完全不同。他們不問「我哪裡還有時間可以塞進去？」而是問：「我有多少注意力，要分配給哪幾件最重要的事？」

也就是說，我們有時間，但我們不知道怎麼分配時間。

為什麼總覺得時間不夠？

讓我們從一個被廣泛忽視的心理現象談起：為什麼你明明整天都在工作，卻總覺得時間不夠、進度不明？

行為科學指出，這種感受並不罕見，學術上可歸因於主觀時間壓力（subjective time pressure）與時間錯估偏誤（time estimation bias）。當我們陷入日復一日的高頻率任務中，例如查收信件、修改簡報格式、填寫行政表單，雖然感覺「事情一直在完成」，但實際上花在推動成果的高價值任務上的時間，往往極為有限。

研究發現，這類任務之所以讓人上癮，是因為它們會在完成當下帶來微小的成就感——即便這種成就感並不代表實質進展。這是由大腦的獎勵迴路所驅動：每完成一件任務，即使只是刪除一封郵件或調整一行格式，都可能觸發多巴胺釋放，讓我們短暫感覺良好。久而久之，我們會傾向選擇那些「能快速打勾」的工作，而非真正需要投入專注與判斷的任務。

這正是所謂的偽生產力：你看起來很忙，但並未實際產出對進展有關鍵貢獻的成果。當一整天下來回顧時，人們常會陷入失落與焦躁，並對自我能力產生懷疑，因為「努力與結果」之間出現了斷裂。

另一個加劇這種「時間不夠感」的關鍵原因是 —— 任務切換成本 (task switching cost)。我們在一天中經常從會議切到簡報，從簡報切到信件，再從信件跳轉到即時訊息對話。這些看似無縫的轉換，實際上會對大腦造成反覆的認知重啟，每次都需耗費資源來恢復聚焦。根據認知心理學研究，頻繁的任務切換不僅降低效率，也會放大「整天都在忙卻一事無成」的心理感受。

這些現象提醒我們：時間的焦慮感，並不來自客觀上的時間不足，而是來自於我們的注意力與精力，沒有被放在真正重要的事情上，而我們自己也未曾察覺。

真正的時間管理，是更清楚地辨識什麼值得你最好的專注。

時間其實夠用，但你沒做選擇

你今天真的有 16 個小時在工作嗎？還是其實你花了 4 個小時在回應別人的需求、2 個小時在處理臨時任務、1 個半小時在會議裡沉默，真正專心做自己工作的人，只有短短三小時不到？

試著回想今天的行程安排。你會發現，時間被你不經意地讓給了別人，或浪費在無意識的切換裡。

這裡不是要你變得斤斤計較，而是要你開始有意識地問自己：「我這一段時間，是誰在用？」是我在主導，還是其他人？是我在進行重要任務，還是被各種訊息牽著走？

你可以開始每天早上給自己一個小練習：

- 今天我有多少小時？
- 我要保留幾段時間給真正重要的事？
- 有哪些時間段，是我容易鬆動或分心的？

把這幾個問題寫下來，再安排你的工作區塊。別從「事情」開始排，要從「你要怎麼用你的時間」開始設計。這就是從被動到主動的第一步。

三種最常見的時間錯配陷阱

你有在努力，卻被這三種錯配困住了：

1. 把瑣碎任務安排在最有精神的時間段

早上 10 點到中午 12 點，是大多數人專注力最穩定的時段，但我們常常拿來開例行會議、回信、處理小事。結果等到下午才要開始寫報告、設計提案、思考策略 —— 但注意力早就被消耗光了。

這就像你把一天最好的能量給了「不重要但急的事」，把最差的狀態留給「重要但不急的事」。

2. 拒絕做選擇，把每一件事都想塞進來

「這個我也要顧，那個也不能漏，還有剛剛那封信……」當你不願意刪減，就只能擠壓、犧牲品質。結果看起來行事曆滿滿，其實每一項都做得有點表面、有點不甘不願，最後沒一件真正完成得好。

懂得做選擇的人，知道什麼時候該說「這不是現在該做的事」。

3. 沒有預留緩衝與轉換時間

一整天從一件事跳到另一件事，中間沒有任何整理或緩衝，就像一直跑而沒換氣。到下午你開始渾身無力、決策疲乏，甚至出現「我現在要幹嘛？」的空白感。

緩衝時間不是浪費，而是幫助大腦重新對焦的必要空檔。

我們每天醒來，就像拿到一筆時間的「存款」—— 假設是 16 小時。你要把它怎麼用？是全部拿去買碎片、零件、邊角的任務？還是精挑幾項，投入你的核心目標？

我們可以把一天想像成這樣的時間帳戶分類：

時間用途分類	**說明**	**理想占比（建議）**
核心創造性任務	高價值、不可替代、推動成果的行動	30 ～ 40%
支援性任務	回覆訊息、整理資料、回報進度等	20 ～ 30%
中斷與碎片時間	臨時應對、社群通知、等待切換	10 ～ 15%
恢復與預留時段	留白、緩衝、走動、補能	15 ～ 20%

當你開始用這樣的方式去劃分你的時間，就會發現：你把大部分「注意力貨幣」都花在了回應世界，沒有留下來給自己。

你可以試著每週五盤點自己本週的「時間支出表」，問問自己：

- 我的核心任務區塊夠多嗎？
- 我是不是太容易被碎片時間侵蝕？
- 我有沒有安排好恢復的空間？

請你開始用一種成熟的方式管理你的時間價值，就像理財一樣 —— 從記帳開始、從規劃支出開始、從願意為重要的事留出空間開始。

時間分配，其實是選擇力的鍛鍊

當你說「我沒時間」，很可能真正的意思是：「我還沒決定要為這件事留時間。」

你其實擁有足夠的時間，只是還沒練習怎麼把它用在真正重要的事情上。當你開始看見自己的時間怎麼被花掉、注意力如何被抽離，你就會開始找回一點點主導權。

這一節，我們為你打下了第一塊基礎 —— 了解時間的價值、理解錯配的風險、開始設計你的時間帳戶。下一節，我們會更進一步，帶你進入「節奏設計」的實作：不只是劃分時間，而是建立一套屬於自己的工作節奏。

時間不是敵人。它只是等著你來主動安排。當你學會怎麼使用它，它就會變成你最好的盟友。

2-2　建立屬於自己的工作節奏

在你心中，高效是什麼樣子？是一整天把行事曆排滿，不停完成任務？還是一段時間內專心投入、完成關鍵產出，之後留白修整？

我們從小被教導要「把握時間」、「善用每一分每一秒」，但真正進入職場後，卻會發現：把時間塞滿，不等於生產力提升。

很多人都曾經試過，把整天的行事曆規劃得緊湊又密實，從早上 9 點會議到 10 點回信、10 點半寫報告、12 點開會、2 點半內部同步、3 點半與客戶簡報……結果下班時卻覺得精疲力竭，腦中一片空白，甚至連最關鍵的報告都還沒寫完。

造成這樣的原因，是你違背了自己的節奏。

你的一天是節奏曲線

我們的身體與精神狀態，從來都不是以「穩定輸出」的模式運作。即使你有再強的意志力，也不可能從早到晚都維持同樣的專注與效率，這與有沒有努力無關，而是人類的生理節奏本就如此設計。

根據生理心理學的研究，我們的大腦會以每 90 至 120 分鐘為一個週期，自然經歷一個「高峰－低谷－恢復」的波動循環，這種現象稱為超晝夜節律 (ultradian rhythm)。簡單來說，我們的能量與專注力是以波段形式流動的，而非持續直線上升。忽略這項規律，強行連續工作、不設休息，就很容易在中午前就出現注意力渙散、腦袋卡頓的狀態。

這也是為什麼許多人會在下午兩三點左右突然感到疲憊、在會議中放空，或者即使人在座位上，思緒卻完全無法聚焦。研究指出，這段時間通常是人類的日間警覺低谷，無論你午餐吃了什麼，生理節律都會自動讓身體進入一種暫時的低能狀態。這是節奏在提醒你：該緩一下了。

真正高效的人，知道何時該做什麼事。他們不硬撐、不逆節奏而行，而是順勢調整節奏。例如在個人高能區 —— 那段最容易進入心流、感覺清晰有力的時段 —— 安排需要思考與創造力的深度工作；而在低能區，則轉為處理回顧、檢查、重複性高的行政任務。這樣的安排，不僅符合生理節奏，也能避免將有限的認知資源浪費在不合時宜的任務上。

你可以試著觀察自己：你一天當中，什麼時間最容易專注、產出最好？是早上剛開始的第一個小時？還是午餐後短暫清醒的空檔？那段時間，就是你的「高能區」—— 應該被保留下來，優先處理對你來說最重要的工作。而那些容易渙散的時段，與其硬撐，不如策略性地安排給「不做也不會出事」的小事。

真正的效率，是節奏感，而不是持續壓榨。

找出你的高能時段與低谷時間

每個人的節奏不同，有些人清晨 5 點就頭腦清晰，有些人要到晚上 9 點才進入狀態。重要的不是模仿別人，而是辨識你自己的節奏輪廓。

以下這個簡單練習，可以幫你畫出屬於你的一日節奏圖：

(1) 選擇一週中的三天，分別記錄每兩小時的精神狀態（可以用 1 ～ 5 分標示）
(2) 同時記錄你在那些時段做了哪些類型的任務
(3) 對照你當天的完成度與疲憊感，觀察哪些任務安排得順、哪些是「卡」的

接著，你就能劃出一張「我的高能時段對照表」。例如：

時段	精神強度	適合任務類型
9:00–11:00	★★★★★	創造性／策略任務
13:00–15:00	★★	整理／回應性任務
16:00–17:30	★★★	輕量決策／簡單輸出
晚上 20:00 後	★★★★	閱讀／規劃型任務

有了這樣的節奏地圖後，你就不再只是靠「想做什麼就做什麼」，而是用對的狀態，做對的事。這不只是效率，而是讓你在一天中保留最少的疲乏與最多的掌控感。

用節奏感安排一週，別只盯著當天看

如果你每天都用滿滿的行程表應付各種任務，可能短期內會有一種「我很充實」的錯覺，但一到週三或週四，身體與情緒就會出現崩盤跡象 —— 容易分心、情緒起伏大、甚至連續性任務都處理不了。

這是因為你只安排了「日常操作」，卻忽略了整週節奏的高低起伏。

許多高效工作者其實會用「一週為單位」安排自己的節奏型態。例如：

- 週一：設定週目標、規劃與準備日
- 週二至週四：集中輸出日（進行核心任務）
- 週五：回顧、補遺、預排與留白日

甚至有些人會安排「斷點日」或「半天緩衝區」，讓自己在每週的高峰與高峰之間，能留出調整與反省的空間。

你也可以這樣劃分你的週節奏：

星期	節奏定位	核心安排重點
一	定向日	設目標、列計劃、輕任務啟動
二～四	輸出日	深度工作、策略行動、排除干擾
五	緩衝與收束日	回顧、整理、交付、預排下週

這樣的安排會讓你從「只顧眼前」轉變為「掌握整體節奏」，讓每一天都更有方向感，而不只是任務堆疊下的疲憊反應。

芮塔是一名資深專案負責人，曾經有一段時間，她把自己逼得非常緊。每天用 Google 行事曆把時間切得密不透風，從早上八點開到晚上八點。她以為這樣就能兼顧所有客戶、專案、報告與團隊溝通。

但三個月後，她開始出現慢性疲倦、失眠與持續性的情緒起伏。她後來這麼形容那段時期：「每天醒來就像是一場仗，而且永遠打不完。」

直到有一次在團隊會議中，一位下屬提了一個她自己忘記已經承諾過的任務，她才驚覺：自己已經開始遺漏重要訊息，也錯過了不少優先任務。

她開始嘗試調整，從「一日滿檔」轉為「一週設計」。她劃出「週三只做創造性任務、不排會議」、「週一中午以前只處理專案不開信箱」、「每週五下午用來回顧與安排下週節奏」，也刻意將週二早上排給一對一對話與回應同事問題。

她沒有把自己變得更能幹，只是換了一種方法安排。幾週後，她的疲勞感明顯下降，專案進度也不再一拖再拖。最明顯的改變是，她開始覺得自己「重新掌握了節奏」。

這就是節奏感真正帶來的影響：它不會讓你有更多時間，但它會讓你在每一段時間裡，活得比較像自己。

你不需要照著別人的模板排每一週，但你可以開始用自己的節奏需求，畫出一張「一週節奏地圖」。這張地圖是為了幫助你找到能量的對應行動區。

下面這張表，提供你一個簡單起點。你可以依照自己的身體與工作狀態調整：

星期	上午 （高能段）	下午 （中能段）	晚間 （低能或恢復段）
週一	專案啟動／ 策略規劃	回應信件／ 短會議	預排明日＋ 簡單收尾
週二	深度工作 （不被打擾）	文件撰寫＋ 同事對話	閱讀／ 自我進修
週三	複雜任務／ 創意輸出	簡報整理／ 回顧成果	短期目標對齊 與反思
週四	客戶簡報／ 輸出收尾	檔案交付／ 例行檢查	生活留白或 家庭事務
週五	回顧本週／ 進度核對	下週安排／ 行事曆設計	無任務，完整留白 或自由段

你也可以製作自己的週節奏範本：

- 哪一天是輸出力最強的？
- 哪一段時間你最需要留白？
- 什麼任務你最怕壓縮在最後一天做？

當你開始這樣規劃，你就不再只是「照著任務走」，而是用你的節奏設計任務。這份主動，會在時間中累積出更穩定的心情與產出。

不只是做事，而是活出屬於自己的節拍

建立工作節奏，不只是時間管理技巧，它其實是一種心理能量的保養方式。

當你開始這樣安排自己的節奏，你會發現：

你不再害怕「空檔」，因為你知道空檔是為了下一段輸出預留的能量；你也不再追求「每分鐘都要有效率」，而是追求「整體的可持續產出」；你不再把低潮當成失敗，而是懂得安排「低谷的用途」—— 做簡單事、做溫和事、做準備而非拚衝刺。

別把節奏當公式，將它視為你與自己身體、情緒與能量的協調結果。

所以，不要再模仿別人的早起行程表或效率神話，也不用硬把自己塞進什麼生產力模板。你需要的，是屬於你自己的節奏感。

當你開始順著這個節奏生活與工作，你會發現自己：

- 更能掌握一天的安排
- 更願意為自己保留空間
- 更不容易陷入那種「怎麼時間又過完了」的無力感

你不再只是「分配時間」，你開始設計節奏。

下一節，我們將會進一步探討：為什麼留白本身，就是一種高效設計，而不是偷懶。

2-3　擠滿行程並非高效

你是否曾經打開自己的行事曆，看見那一整排被色塊填滿的時段，心中浮現一絲不安？明明排得這麼密實，卻一點都不踏實，反而更焦躁。

又或者，你也許完成了一整天的工作，卻發現自己其實沒有真正靜下心來思考任何一件事。整天忙著回訊息、開會、做報告，但所有的行動都像是在填空，沒有方向、沒有空間、沒有餘裕。

我們以為「把行程排滿」就代表效率，卻忽略了真正的高效，其實需要的是空間感。

心理學家羅伊·鮑邁斯特（Roy Baumeister）在研究決策疲勞（decision fatigue）時指出：人類每天所能做出的有效決策是有限的，而每一次選擇、切換、應對，都會逐漸耗損我們的心理資源。這些看不見的消耗，會在一天中悄悄累積，影響判斷力、降低自制力，甚至讓原本可以處理好的任務出現錯誤或延誤。

特別是在我們習慣以「無縫接軌」的方式安排工作與生活，把日程排得滿滿、任務無縫銜接，讓自己一整天都處於「準備回應下一件事」的狀態時，這種耗損會以更快速度侵蝕我們的認知與情緒能量。從行為科學的角度來看，這種持續應對的狀態會壓縮我們進入深度工作所需的心理空間，使大腦難以切換至有系統處理與高階思考所需的節奏與模式。

這也是為什麼許多人在關鍵任務面前容易分心、卡關。因為他們的大腦從一早就進入了「快速反應模式」，沒有任何恢復與整合的空檔，自然無法在需要專注的時刻穩定輸出。

研究顯示，過度壓縮行程，反而會讓整體效率大幅下降。當我們在沒有足夠間隔與留白的情況下處理複雜任務，大腦的工作記憶容易過載，進而影響資訊吸收與內容整合。你可能也有類似經驗：當某一天的行程特別爆滿，雖然形式上參加了所有會議、處理了所有信件，但回顧時卻發現，有些內容完全沒有印象，有些任務只是匆匆帶過——因為你根本沒有留下「思考的空間」。

真正高效的安排，是有意識地預留空檔、創造節奏，讓你的大腦能夠從輸出、轉換、到恢復，保持靈活與穩定。時間不是被壓縮得愈緊愈有價值，而是被安排得愈貼近人性，愈能發揮真正的產出力。

留白不是懶惰，而是策略性調節

我們對「空白」常懷有一種莫名的不安。彷彿只要沒事做，就是不夠努力，就是懶散不負責。但事實上，那些真正高效的人，反而更懂得如何刻意「不做事」。

這是一種有意識的安排。他們會在行事曆中刻意預留空檔——為自己創造節奏的轉換點，讓身心能夠有條理地從一件事過渡到下一件事。在這段空白裡，他們可能：

- 整理剛處理過的資訊，避免任務之間的思緒混雜；
- 調整心理與身體狀態，進入下一段工作前先預熱；
- 發呆放空，讓大腦從連續輸出中暫時脫離；
- 為突發狀況留下一個不慌不亂的緩衝帶。

這些看似「什麼都沒做」的時間，其實正是維持認知效能與創造力的關鍵節點。行為設計專家丹尼爾·品克（Daniel Pink）在《最佳時機》（*When*）一書中指出，人類與機器不同，並非持續運轉才等於高效。真正持久的產出能力，來自於輸出與輸入、聚焦與鬆動、參與與抽離之間的有節奏切換。他稱這種週期設計為節奏智慧（temporal intelligence）——懂得如何順著內在高低潮，安排合適任務與留白空間。

不要把自己逼成一部無間斷運作的效率機器。你真正要做的，是幫自己預留喘息的節拍，讓每段投入，都能從完整的自己開始。

「緩衝設計」：讓混亂有被接住的空間

那麼，具體來說，該怎麼安排留白？以下是幾個實用的「緩衝設計」方式：

1. 空白行程塊

每一天預留 2 ～ 3 個 30 分鐘的空白區，不安排任務，只作為流動緩衝。當有突發任務來時，你不需要打亂全部計畫；當前一個任務延後，你也不會連帶崩盤。

許多高效管理者會將這類時間以「鎖定但不指定」方式設在早上與午後，例如：

- 10:30 ～ 11:00：思考緩衝（用於延伸思考或中段休息）
- 15:30 ～ 16:00：突發保留（預期外部打擾）

2. 任務轉換緩衝帶

大腦需要時間從一種任務狀態轉換到另一種。不要一開完會就馬上進行深度寫作，也不要剛寫完策略報告就立刻進聊天室應對人際。這樣只會讓你心智碎裂、難以聚焦。

你可以在兩種任務之間安排 10 ～ 15 分鐘的緩衝區，做點轉場動作，如：

- 散步、走動補水
- 整理書桌、手寫筆記
- 聽首音樂或靜坐 3 分鐘

這些看似不要緊的行動，是讓你的大腦有機會切換狀態的必要安排。

3. 空格區塊的設計性遞增

在你的週行程中，每週安排至少一段「高強度任務後的留白」。例如週三下午、週五上午，安排不開會、不排任務，只做回顧、閱讀、整理或自由安排。這樣的安排不但讓人不崩潰，反而能激發週末前的再聚焦力。

這些設計的共通點在於：給混亂一個有彈性的空間，讓你不必在每一次突發或低潮來臨時，整個系統就瓦解。

空檔，不只是休息，更是創造與重組的時機

我們常以為，創造力來自專注與投入，只要靜下心「認真想」，靈感就會自動出現。但神經科學卻告訴我們：人最有創造力的時刻，往往不是在聚精會神地思考時，而是在洗澡、散步、搭車、喝咖啡，甚至無意識走神的時候。

這並非浪漫化的說法，而是有明確科學依據的現象。當我們不執行特定任務時，大腦會啟動一組稱為「預設模式網路（Default Mode Network, DMN）」的神經系統。這套系統在發呆、空想、內在自我對話等非目標導向狀態中最為活躍，正是在這些看似「閒著」的時刻，我們的大腦正在進行高度整合——將新資訊與記憶連結，重組觀點，產生創意的火花。

也就是說，真正的靈感不能被逼出來，而會在「留白」中浮現。

在資訊過載、任務推擠的當代生活裡，刻意創造這樣的留白顯得格外重要。它讓我們有機會：

- 整合前後思維與情境，讓決策更有脈絡與深度；
- 在看似無所事事中，產生意料之外的洞察與聯想；

◆ 給情緒一個沉澱空間，讓混亂漸漸沉靜，回到穩定狀態。

這不只是工作策略，更是一種生活的節奏觀。你不會因為停下來就沒價值，而會因為願意停下來，價值才有機會醞釀。心理學家早已證實：適當的暫停、自由聯想與非結構時間，不只能提升創造力，也有助於恢復情緒、提升長期認知表現。

真正的高效，不在於無止盡地塞滿與輸出，而是在於你是否給自己足夠的節奏與空間，讓大腦有機會運作得更深、更靜，也更智慧。

給你的行程一點呼吸的空間

從今天起，請你在行事曆裡安排一段沒有安排的時間。也許是一小時、也許是 15 分鐘。你可以什麼都不做，也可以用它來觀察自己現在的狀態。

你會發現，這段時間會成為你的回神時段、調整時段，甚至是創意迸發的片刻。它不喧嘩、不擠壓、不炫耀，但卻會慢慢地，把你的節奏撐起來。

下一節，我們將進入一個更具體的操作領域：深度工作。當你學會留白，也就準備好迎接真正有價值的專注時間。

不要害怕空白。因為，最有力的行動，往往來自那些你預留給自己的片刻寧靜。

2-4　養成每日深度工作時段

你是否有過這樣的經驗？

一整天忙個不停，訊息回了無數封，會議連著一場又一場，待辦事項也不斷打勾，但到晚上回顧時卻發現：今天最重要的那份報告、那段策略簡報、那個你真正需要時間思考的任務，根本還沒開始動手。

這不是你的錯，而是我們所處的環境不利於深度工作。

我們的日常充滿了「即時性」與「碎片化」：通知不斷跳出來、對話一個接一個、任務中途被打斷好幾次才回到原點。即便你已經排出時間、坐在電腦前，內心卻始終處於半漂浮狀態，無法進入真正穩定且深層的思考。

這一節的目標很簡單：讓你每天至少創造一段真正深度工作的時間。哪怕只有 30 分鐘，它也將成為你每天最關鍵的產出時段。

深度工作是一種被訓練出來的習慣

在這個干擾無所不在的時代，專注無法自然發生，這是一種需要刻意培養的能力。

美國學者卡爾·紐波特（Cal Newport）在《深度工作力》（*Deep Work*）中指出，深度工作是一種在無干擾環境下，全神貫注處理高難度任務的能力，這不只是認知技巧，更是一種心智習慣。它的養成，依賴的是環境設計、節奏安排與行為模式的重塑。

許多人誤以為自己「就是沒辦法專心」，但事實上，他們從未真正為專注創造條件。想像一位鋼琴家準備登臺，他不可能站在街頭彈奏一曲，而是需要一臺調好音的琴、安靜的空間，以及讓自己全然進入狀態的預備儀式。專注也是如此——不是靠感覺臨時進入，而是靠環境與規律培養而成。

真正穩定的專注，來自可預測、可重複的練習模式。紐波特提倡以「專注區塊」的方式規劃工作時間：每天劃出一段特定時段，只處理需要高認知投入的任務，不被通知干擾，不切換到其他待辦，讓專注成為習慣而非例外。你不需要一開始就進行長時間的深度工作，重點在於每天都有一次明確的起點，讓大腦熟悉進入「專注通道」的節奏。

高效不只是產出速度，更在於你能不能控制自己的注意力資源，把最清醒的時間，用在最值得的事情上。

打造你的「專注區塊」：從小段開始養成

你可以從每天安排一段「30 分鐘不被打擾」開始。這段時間，請你給自己下這三個限制條件：

(1) 任務單一：只做一件事，寫報告就只寫、做設計就只做設計

(2) 環境穩定：找一個你能長時間坐定的位置，暫時不會被人打擾

(3) 設備隔離：手機遠離視線，關閉通知、社群、即時訊息

請注意，你不用「寫完一份完美報告」，而是藉此練習讓自己進入一個「完整心智投入」的狀態。這段時間的品質，比你完成多少還重要。

你可以這樣開始：

- 每天早上第一個小時，固定為「深度區塊」
- 或在下午低潮前段（如 13:30 ～ 14:00），做為創意工作預熱段

- 如果你是夜貓型，可以在晚餐後安排一段無干擾時間（如 20:30 ～ 21:00）

這段時間，請你不要再「先滑一下再開始」，也不要想著「等我處理完這封信就來」。這些前情鋪陳會逐漸讓你喪失開始的能量。

你只需要告訴自己：「現在是我保留給重要任務的專屬時段」，然後開始動手。

一旦你開始養成這個習慣，它會慢慢成為你的個人節奏起點。

阻擋干擾的三重防線設計

你可以做到專心，但前提是要為專心架好防線。要守住深度工作，最需要的是幫自己建立三層保護機制：

1. 物理隔離：把自己移出干擾區

如果你平常是在開放辦公室、咖啡廳、客廳工作，那麼你需要的是一個深度工作站。這不一定是高級書房，也可以是一張桌面乾淨、與他人保持距離的空間。你甚至可以戴上耳機，即便沒播放音樂，也能作為「這段時間不聊天」的暗示。

如果條件允許，你可以為深度工作安排固定場域：如某張桌子、某個角落、甚至同一款筆記本。這會在心理上形塑「現在進入專注狀態」的儀式感。

2. 數位斷線：讓通知與雜訊暫時退場

專注最大的敵人，是被中斷的次數。

你可以採取以下策略：

- 將手機調整為飛航／勿擾模式，或直接放到另一個房間
- 關閉電腦上的通知提示、聊天室聲響
- 使用「番茄鐘」工具設時間段，例如 25 分鐘專注＋ 5 分鐘短休（但請記得：工具不能變成分心的藉口）

你也可以讓同事、家人知道這段時間是你「不即時回應」的區段，養成彼此尊重「深度段落」的默契。

3. 心理儀式：建立啟動與收束的節奏感

專注需要心理上的切換。你可以設計一個小小的儀式來幫助你進入狀態，例如：

- 點一杯固定的飲料，作為「開工訊號」
- 播放一段固定音樂（如低噪、環境音），讓大腦進入熟悉狀態
- 寫下當前要處理的唯一任務，提醒自己這 30 分鐘不切換

結束時，也不要立刻跳回社群或郵件，可以設一個「收束段」：短暫走動、快速寫下完成紀錄、關掉應用程式。

這些小小的設計，會讓你的深度工作從「隨機發生」變成「每天固定的心智節奏」。

你不需要每天三小時高強度輸出，但你需要一段穩定的時間，來做出那些真正重要、卻難以在碎片中完成的事。

每天 30 分鐘的深度工作，也許一開始只是練習，但當你持續進行，你會發現它的效應不只是在任務完成上，更會反映在以下幾件事上：

- 信心感提升：你開始相信自己「可以掌控一段重要任務」
- 價值感提升：你開始累積真正的產出，而不是任務回應
- 存在感提升：並非被工作帶著走，而是你選擇要完成什麼

久而久之，這段「深度區塊」會變成你每天的軸心——就像一臺機器的核心引擎，其他任務與雜事都是圍繞它而調整的。

你會發現，真正能累積成果的，是能每天保留一段不被打擾的你自己。

打造屬於你的「每日專注段」

從今天起，請你選出一天中最有機會不被打擾的 30 分鐘。你不需要改變所有行程，只需要為自己保留這段時間。

試著連續進行五天，觀察你的狀態、產出與心情的變化。你會發現，相比壓力和約束，深度專注更像是一種滋養和內在自由。

我們已經建立了時間分配的邏輯、節奏感的設計、留白的力量與專注力的鍛鍊。你不再只是面對時間，而是開始設計時間，讓它真正成為你的盟友。

下一章，我們將進一步探索：做事不只是開始，而是能夠確實完成。因為再好的節奏，如果無法貫徹到底，也無法真正創造價值。

第三章
執行力的本質，是能貫徹到底

3-1
做事做到一半，其實等於沒做

琳達是一名內容企劃，平常的工作就是撰寫文案、規劃行銷腳本與簡報製作。這天，她打開自己的桌面，發現文件夾裡有 6 份未完成的簡報草稿、3 篇開了但沒寫完的文章、1 份只寫標題的提案報告。她很努力，週末也常加班，但每週主管回顧時，她總無法拿出能代表產出的成品。

她不只感到疲憊，更開始懷疑自己是不是沒效率、是不是能力不夠。她陷入了一種常見的執行困境：很多事都開始了，但沒有真正完成。

我們常說開始很重要，但事實是——真正能累積成果的，不在於開始，而在於完成。

在我們的腦中，很多任務其實從來沒真正「離開」。

心理學上有一個名為蔡加尼克效應（Zeigarnik Effect）的現象，指出人們對「尚未完成的任務」會產生更高的記憶黏著力與心理負擔。也就是說，那些你還沒做完的事，會像背景程式一樣悄悄占用你的注意力。你或許沒在處理，但它一直在那裡——占住資源、耗掉能量。

這種占據不只來自情緒層面的焦慮，更有明確的認知影響。認知心理學研究發現，未完成的任務會造成持續性的心理張力，不但影響你當下對新任務的注意力分配，還會削弱你啟動其他工作的意願。簡單來說，事情沒有收尾，心理就無法釋放；而心理的緊繃，會讓我們越來越難開始下一件事。

這些尚未完成的工作，其實在你的心智中「掛號」著。像是一份還沒回覆的郵件、一個上週說要改的表單、一項會議後拖著還沒處理的報告。即使你此刻正打開簡報檔案打算開始撰寫，你的腦中其實仍在同時記掛這些「掛號任務」。這正如你手機上十幾個紅點提示：你沒打開訊息，但那個數字就在那裡，持續製造無聲的壓力。

長期下來，這樣的「認知干擾」會帶來幾個明顯後果：

- 你會出現無法長時間聚焦的慣性，習慣性地每二十分鐘就被分心；
- 你會在工作中出現細節遺漏與記憶錯亂，是因為大腦已過載；
- 你會產生一種「我一直在做事」的錯覺，彷彿忙碌不斷，但真正的成果卻極少落實。

這就是為什麼，有些人即使工時很長、腦也很累，週末回顧時卻發現進度寥寥。那是因為他們每天做的每一件事，都還留著一個沒畫下的句點。

開始≠執行，執行≠完成

很多人會把「我已經打開檔案了」、「我寫了開頭兩句」當作有在執行。但這些動作真的代表你在推動任務嗎？還是你只是在逃避真正的完成？

開始一件事不難，難的是讓這件事有一個明確的交付點、有成果、有閉環。

我們來看一個常見對比情境：

狀態	表面動作	實質行動
開始但未進入執行	打開文件、改了幾行、想了標題	未完成任務任何核心段落
執行但未完成	寫了大半報告、做了八成簡報	無交付、無結尾、無交接、沒進會議
執行並完成	寫完、審稿、發送、回覆確認	有交付、有紀錄、有成果、有學習

你可以每天問自己一個問題：「我今天真的完成了一件事嗎？」

如果你發現答案常常是否定的，那你就需要一種方法，幫你把行動的終點拉回來，從「啟動」轉向「完工」。

用「最小完工單位」定義每一次行動

我們對「完成」這件事，往往有一種過度理想化的想像。彷彿一定要花上兩三個小時、寫完五千字、整理出一套完整的提案，才算完成。但事實上，正是這種「全部做完才算數」的觀念，讓許多人陷入拖延與停滯。

心理上認定「完成」的門檻太高，很容易讓人在尚未開始前就先產生壓力，進而抗拒啟動行動。真正能讓我們建立穩定節奏的，不是完成一件龐大的任務，而是每次都能畫下一個明確的句點。

有些行為設計專家會用一個實用的比喻來說明這種做法，稱為最小可執行完成（Minimum Viable Done），它主張：將任務拆解為可以一次完成的小段落，每一段都能產生一個清楚的交付結果。你不必一口氣完成整份簡報，但你可以完成「目錄架構的草案」；不必寫完整篇報告，但可以先完成「前言段落的定稿」。每一個小單位的完成，都是心理上的釋放與行動的正向回饋。

與其期待一次跨過終點，不如先踏穩下一個可達的節拍。你真正需要的，是確實做完每一件事的一小步。

比方說，若你要寫一份簡報，傳統思維是「今天一定要全部寫完」；但用 MVD 的設計是：

任務分段	完成標準（句點）
任務 1：列出簡報 3 大主軸	建好提綱，存在文件雲端＋命名
任務 2：完成第一頁內容	寫完主文、插圖位置、標題語句
任務 3：結尾頁總結撰寫	寫完內容＋初步排版＋回顧核對

比起拆細任務，MVD 的核心在於為每段設定交付節點與成品標準，讓完成變成一種頻繁發生的習慣。

最小完工單位的進階設計

MVD 不只是針對個人任務有效，對於專案型與團隊型任務更是關鍵的實行策略。

以一個跨部門行銷專案為例，過往常見的任務卡關模式如下：

傳統任務分配：

- 請行銷部完成活動簡報
- 結果過了一週：「還沒定稿，因為產品部還沒回來」

這類模糊型任務最容易無限拖延。改採 MVD 設計後，任務可細分為：

階段	MVD 範例
任務 1	蒐集 3 位 PM 提供的產品優勢重點，彙整成表
任務 2	擬定 2 版簡報開場草稿，並內部提報一次
任務 3	完成初稿、內部審核、備注審核意見點

這樣的安排讓每一個階段都有清楚的「收尾」。

肯恩是一位中階行銷經理，他總說自己忙到沒有一刻能靜下來。主管常看到他走來走去、筆電一刻也沒闔過，但三個月後回顧專案進度，卻發現：他參與的每個任務都「還差一點」，幾乎沒有一件完成交付。

回顧他的行事曆，你會發現他是那種「每個任務都有參與、但都沒有真正結束」的人。他自己也說：「我常常做到一半就被別的事情打斷，回頭就不記得進度了。」

最後，公司將他的角色從主導專案轉為支援角色，因為主管評估：「我們需要一個能把事情收尾的人。」

這個案例提醒我們：忙碌和參與，從來不能取代完成。真正帶來信任、價值與升遷的，是你有多少任務真的落實、有交付、有結尾。

你可以從明天開始，練習這個簡單策略：

每天早上，列出三件你今天要「明確完成」的任務，並為每一項設定完成標準。像這樣：

任務	完成形式
完成下週簡報開場草稿	開場三頁寫完＋簡報命名＋存檔
回覆策略會議討論建議	回信給主管＋附上提案草圖
整理最近一週工作進度	寫進 Trello ＋加備注

這個練習不只是任務列點，而是練習為行動設定出口。完成標準越清楚，你的注意力越集中、動力也越不會中途瓦解。

你會開始感受到那種久違的回饋感 —— 不是「做了很多」，而是真的完成了一段清楚的成果。

完成，是內在信心的修復工具

完成一件事，不只是你可以打勾、打卡、交付，它更是一種「我能做到」的心理暗示。

我們在工作中最常感到焦慮的，不是被罵或是失敗，而是一直沒有具體的證據告訴自己：「我有在前進」。

但當你練習用 MVD 完成一段內容、提交一份任務、處理完一項交接時，你會獲得一個明確的結束訊號。這個訊號在腦中會觸發一種輕微的「正向回饋」：

- 我不是只有開頭，我可以結束
- 我不是只有忙，我真的產出
- 我不是卡住的人，我是能完成的人

這樣的感受會成為自我效能的積分表。每天一筆、每週一筆，它會慢慢幫你建立起一種信心感 —— 不用靠別人稱讚，而是靠你自己完成一件又一件事，所得到的內在回饋。

我們常說「開始就是一半的成功」，但更真實的情況是：「只做到一半，其實什麼都還沒發生。」

如果你感覺疲憊、壓力重、懷疑自己產值不足，請先別責怪自己。你只是沒給自己足夠的「完成經驗」與「結束感」。

現在起，為自己設計可完成的任務。每天至少完成一件。

下一節，我們會一起探討：為什麼「交付完成」不代表任務結束。真正的執行高手，不只是會開始與產出，而是懂得收尾——把能量收回、把成果整理、把學習封存。那才是你真正的完成力。

3-2 每個任務都要有「收尾設計」

有多少次，我們完成一份報告後，沒有好好存檔備份，導致下次要找時又花半天重整？有多少次，會議開完了，但沒人記錄決議，也沒人整理後續行動清單？又有多少次，任務明明完成了，但我們卻仍感覺壓力揮之不去，腦中總是惦記著「好像還沒弄完什麼」？

這些與執行力無關，而是收尾設計不足的結果。

很多人以為「做完了」就等於結束，但在真實工作裡，「結束得好」才代表真正完成。任務收尾的品質，往往決定了你整體執行力的質感。

在職場中，我們常會把「完成」誤解為「送出某項成果」就算結束了。簡報提案一做完就收工、資料一上傳就結束、任務勾選完成就轉向下一件事。這樣的操作看似有效率，實際上卻在整體工作的節奏結構中留下了斷點。

真正的完成，應該包含「收尾」這一環。而收尾，不只是交付對象的需求，更是一種為工作節奏打下結束標記的動作。當我們忽略了這個環節，工作的節奏就會被打亂，導致長期下來的執行品質與團隊信任感出現無形耗損。

舉幾個常見的例子：

- 提案做完了，但沒有整理正式版本或紀錄反饋，導致日後無從追蹤；
- 專案結束了，資料卻散落在各自的雲端資料夾中，找不到能複用的模版或參照；
- 任務執行完畢，卻沒有成效分析，也沒留下經驗紀錄，導致下一次從頭摸索。

這些看似「小事」的細節，其實正是一個人或一個團隊能否持續進化的關鍵差異點。你可能在一週內完成了五個任務，但若都缺乏收尾機制，那麼每次的努力都會在無形中失去價值累積的機會。

更重要的是，當你總是用「送出去就算完成」的方式工作，大腦也會習慣性跳過反思與整理，讓工作的學習週期變得斷裂而短命。久而久之，不但難以進步，也更容易陷入「做很多卻無法說清成果」的困境。

收尾，是一種節奏規劃。它讓一段努力畫下結束的句點，也為下一段任務預留清晰的起點。這不只是專業表現的細節，更是幫助你建立內部邏輯與思緒清場的關鍵行為。

我們來看一個真實情境的對比：

兩位同樣資深的內容行銷人員，凱倫與喬治，各自負責多個品牌的行銷專案。凱倫每週會開出十幾份簡報初稿、快速丟出創意提案，但是下週要找回上週版本時，常常在筆電裡翻了半小時。她常說：「我好像有寫過一個版本，但我忘了我放哪了，也不確定是最終版還是草稿。」

而喬治呢？他的產出數量也許略少，但每一份簡報都有清楚版本編號、每次提案後都附一段總結與「後續追蹤建議」，就算同事臨時調他支援，他也能立刻抽出完整紀錄說：「這份是交付前修過的 V3 版，有摘要可直接看。」不只自己效率穩定，也讓同事更敢信任他。

凱倫總覺得「收尾太麻煩」，喬治則把它當成自己的「品質保證流程」。這兩種方式，短期看不出差別，但在六個月後、十二個月後，誰能被交付更多、誰更值得信賴，答案一目了然。

收尾，是清空壓力的最關鍵動作

當一個人同時處理太多「還沒真正結束」的事，他的精神狀態就像一臺開了太多視窗的電腦。系統運作變慢、反應遲鈍、畫面卡頓，大腦也是一樣 —— 每一個尚未關閉的任務，都是一個潛藏的干擾源，讓我們在不同工作之間反覆切換，導致專注力分散、情緒波動、判斷力下降。

在行為科學與時間管理領域中，有人用「開放迴路」(open loop) 這個比喻來描述這種現象。所謂開放迴路，是指那些看似完成、但實際上還沒真正「關門」的任務。它們像是未關掉的背景程式，默默占據著我們的心智處理能力，持續耗電，卻不產出任何進展。

最常見的例子包括：

- 簡報雖已提交，卻心裡仍掛念對方是否理解、是否該補封說明信；
- 會議開完了，但行動項目沒有明確分配，結果下週又要重開一次；
- 表單填好交出去了，但沒有確認備份格式，一週後跑版又得重做。

這些看似瑣碎的小事，其實正是你大腦中雜訊與焦慮的來源。當你腦中總覺得有很多「還沒做完的事」，有時是因為你從來沒真正收掉那些你以為做完的項目。大腦會為這些殘留的工作保留注意力位元，直到你明確「關閉」為止。

真正高效的人，是能夠確實結束每一件事，並順利清空注意力的人。他們不讓任務在完成後殘留尾巴，而是建立一套節奏：交付、確認、收尾、釋放，再進入下一輪循環。

把每件事「做完」不夠，你還需要把它「收好」。這樣，專注力才能回到當下，才不會拖著過去的半成品往前走。

三種結束設計：交付、歸檔、整理

要避免任務成為開放迴路，我們需要的是「主動的結束設計」。這裡提供三種最實用的收尾方式，幫你確實關閉每個任務的注意力支出：

1. 任務交付：收尾不是你覺得已完成，而是對方能使用

一件事情只有在「對方已接收且可以動用」時，才算結束。你不只是把報告做完，而是確認對方打開看得懂、知道如何使用，甚至收到後不需再回信追問。

以下是交付設計的常見元素：

元素	說明
簡報檔命名清楚	如：「2025Q1_品牌行銷策略_初稿 V2」
附加摘要說明	在信件或文件開頭附 2 ～ 3 行背景說明與用途建議
使用提示	加注「此簡報供內部提報使用，版本尚未定案」

完善的交付，是收尾的一半，讓你不再「補來補去」，也讓人信任你的專業可靠。

2. 歸檔制度：讓已完成的任務，不再成為記憶負擔

很多人不願意整理，是因為覺得浪費時間。但實際上，歸檔是幫未來的自己節省時間的投資。

你可以建立「完成後一分鐘歸檔法」：

- 完成後立即命名檔案、移至指定資料夾
- 針對有重用價值的格式，另存為樣板
- 把工作進度更新到專案追蹤表（如 Notion、Trello、表單）

如果你每次任務完成後都要「想一下上次放哪」，代表你沒有建立任務收尾的記憶結構。

3. 整理反思：留下經驗，而不只是結果

最容易被忽略的收尾行為，就是「反思整理」。很多人任務做完就立刻進入下一個，沒時間回顧學到什麼、可改善什麼。

但其實只要花 3 分鐘寫 3 句話，就能留下高密度回饋：

- 這次任務最大收穫是？
- 哪一段最卡？我下次可以怎麼改進？

- 我對這次的完成度感到滿意嗎？為什麼？

這樣的收尾不只清掉任務，也讓你的能力在每一次行動中都累積微成長。

在專案管理中，結束設計更是不可或缺的一環。許多團隊將「結案會議」當成形式，但其實那往往是錯失關鍵學習與復盤的時刻。

以一個行銷跨部門合作為例，專案完成後，如果只是「活動辦完了、資料歸檔了」，那整段歷程就不會產出新的能力。而一個有設計的收尾，應該包含以下三件事：

- 任務回顧與成效簡報：數據呈現＋問題點說明，未來可參考
- 責任交接與資源歸位：有哪些資料須交給他部門？有哪些權限該關閉？
- 內部沉澱輸出：整理成流程卡、SOP、或心得文供團隊共享

這樣的結案，才讓整個專案「真正落實」。它不只是「終點」，而是變成組織可複製、可進化的行動資產。

執行不只是完成任務，而是完成循環

任務不只是「做完」，而是需要「關掉」。

關掉，不代表冷處理或放棄，而是你為這段歷程畫下句點，釋放資源，準備迎接下一段。

我們可以把任務的生命週期看成一個完整閉環：

(1) 啟動（任務啟程）

(2) 執行（具體行動）

(3) 完成（達成交付）

(4) 收尾（整理歸檔）

(5) 放下（切斷注意力連結）

只有當第 4 與第 5 步驟存在時，整個任務才會轉化為「完成的經驗」。

真正有執行力的人懂得結束。因為結束，才是能量的回收點、經驗的沉澱點，也是你準備再出發的起點。

除了實務層面，收尾其實還有一個常被忽略的心理功能：它是一種節奏標記，也是情緒的歸位機制。

當你結束一件任務並好好收尾時，你不只是把事情「處理完」，你也在心理上對自己說：「這件事我已經交代清楚，我可以放心轉向下一段。」這樣的結束儀式，會讓你更有主導感，也比較不會在夜深人靜時還惦記著白天的細節。

同時，穩定的收尾習慣，也會讓團隊與主管更容易信任你。因為一個懂得交付、整理、清楚補件與留後路的人，就是那種「不用催、也不怕出包」的人。

收尾不只是工作的終點，它是整體職場節奏的標點符號。

每一件事都值得一個好收尾

你今天做了很多事嗎？很好，那請你幫自己再多做一步 —— 好好結束它。不是單單關掉電腦，而是讓每件事都被交代清楚、被整理乾淨、被放下放心。

你會發現，收尾設計不只是幫助產出更完整，它更會讓你在每一天結束時，可以鬆口氣說：「今天這件事，我處理完了。」

下一節，我們將進一步探討執行背後的心理節奏：為什麼自律並非靠逼迫自己，而是靠設計出你做得下去、也能做得久的節奏感。

3-3
自律不是壓力，是節奏感的建立

有時候，真正讓人感到挫敗的，並不是沒做事，而是那些「明明排好計畫，卻怎麼樣都做不到」的時刻。

行動清單已經寫得清清楚楚，前一晚還滿懷幹勁地準備一口氣完成五件事，結果到中午卻只動了一半，下午則被突如其來的雜事沖散了全部節奏；又或者是，立下的早起計畫與閱讀清單，在前幾天還能努力維持，但一場突如其來的加班、一次感冒或一點點疲憊，就讓整個系統瓦解。

於是，你開始對自己下判斷：「我果然還是不夠自律。」接著懷疑自己是不是根本沒辦法做到那些別人看起來都辦得到的事。

這樣的念頭，在當代生活中幾乎無人能免。我們太容易把「做不到」解讀成「不夠堅強」，而忘了檢查：我們設計的方式，是否真的能長期支撐我們生活的節奏。

心理焦慮與理想型自律的衝突

我們對「自律」的想像，往往來自社群媒體、書籍或成功人士的生活切片 —— 五點起床、運動、閱讀兩小時、精準飲食、一天工作十六小時、還要寫日記與回顧。但是真實的生活哪有這麼工整？

這些精緻的片段經過包裝，無形中建立了過高標準。一般人在模仿這些「理想自律模板」的過程中，常常忽略一件事：那些人有不同的生活結構、資源配置與動機來源。你無法無痛複製，是因為你不是他們。

心理學研究指出，當我們設定過高或過於抽象的目標時，雖然一開始可能充滿幹勁，但如果無法在短期內獲得具體回饋，很容易迅速喪失信心，甚至產生「是不是自己不夠好」的自我懷疑。真正會讓人停下來的，是看不到成果時，那份無力與自我否定感悄悄擴大。

這聽起來或許有些諷刺，但研究指出，當我們把自律等同於完美時，反而更容易陷入挫敗。一旦某天沒早起、某件事沒做完，就會立刻出現羞愧、自責，甚至產生「乾脆放棄」的反彈心理。這正是全有全無式思考的特徵 —— 愈想做得完美，愈無法容忍自己出現落差。而這種內耗是非常耗損自我認同的。你的失敗來源於你的自律設計沒有彈性、沒有給你緩衝、沒有容錯空間、沒有重新調整的機會。真正有效的節奏，是允許你「今天有點卡、明天再回來」，而並非逼迫你「一週七天全滿檔」。

當我們開始把「穩定推進」視為真正的成功，而非「全力以赴但很快崩潰」，你的自律會開始變得可行，也才會持久。

真正的自律，是被設計出來的節奏

自律不是逼自己做不想做的事，而是懂得安排——如何用最少的力氣、最自然的方式，完成最值得完成的事。

我們可以把「自律」拆成三個面向：

面向	問題檢查點	調整方向
條件設計	你在哪裡工作？ 這個環境容易讓你開始嗎？	調整空間與時間，減少干擾與摩擦
任務設計	你做的事情明確嗎？ 開始點與結束點清楚嗎？	任務要具體化、切割成小段可收尾
節奏安排	你是否為不同狀態安排對應強度的任務？	安排高峰做創造性、低谷做重複性任務

如果你每天早上都得對抗一堆模糊不明、無法啟動的待辦，那就不是缺乏自律，而是欠缺可實踐的任務編排。

節奏式執行的核心是每天都能做一段清楚、能完成的事。

你可以這樣安排一天：

時段	任務類型	任務完成的標記
9:00–10:30	創造性寫作	撰寫完一段草稿，存在文件雲端並加注版本說明
11:00–12:00	回應性任務	處理完 10 封回信，更新在專案看板中
14:00–15:00	策略性資料整理	完成筆記歸類，新增到會議筆記區

不是塞滿時間表才代表自律，而是你知道哪段時間要做什麼、為什麼做、做到哪裡算完成。這叫節奏感，不叫拚命感。

很多人自律失敗的根本原因，是用了「別人的節奏」套在自己身上。以下是三種常見的節奏傾向與對應策略：

類型	特徵	自律設計建議
爆發型	有靈感就衝一波，但容易斷線	任務設計短而明確，預設緩衝時間
慢熱型	起步慢，但進入狀態後穩定	預先啟動儀式（咖啡、筆記、安靜空間）
穩定型	每天都能維持基本節奏，但進展較緩	排序任務難度與重要性，設成就感回饋機制

你不需要逼自己變成「5AM Club」的人，你只要找到你身體與精神最自然的節奏點，讓自律成為生活的一部分。

我們來看一個職場真實對比。

艾莉是設計師，常常在社群上追蹤大量效率型 KOL，她決定模仿一位設計部落客的節奏，每天五點半起床、早餐前閱讀、九點前完成三項任務、晚上七點一定回顧當日進度。起初她覺得自己也能做到，還貼了幾次 IG 限動記錄早起。

但是一週後她因為兩晚加班打亂作息，整個節奏亂掉，開始產生強烈的挫敗感與羞愧，然後放棄了整套規劃。她的日常又回到原本混亂、焦躁、無法預測的節奏。

另一位同部門同事喬納森則反其道而行 —— 他沒有追求一整天都自律，而是設定「每天只要完成早上 9:30 到 11:00 這段時間的任務目標」，其他時間只要求 70% 產出。他的進度慢一點，但每週回顧時總有累積成果，壓力也穩定許多。

這兩人的差異不在能力，而在「是否試圖複製別人的節奏」，或是選擇為自己打造適合的節拍。

三個儀式，讓節奏成為日常習慣

以下這三個設計，可以幫助你用儀式與節拍感，建立可持續的自律節奏：

1. 行動啟動儀式：開始不靠意志力，而靠習慣進場

例如：

- 坐下來後一定先打開同一個筆記本
- 播放固定的環境音或背景樂
- 第一個任務永遠都是寫「今天最重要三件事」

當你為「開始」設定一個簡單的慣性，專注會變得不再困難。

2. 切換與緩衝安排：避免長時段疲乏與焦慮

例如：

- 每工作 90 分鐘就安排 10 分鐘無任務時段
- 會議結束後不立刻工作，先走動或記錄三句回顧
- 下午安排「整理任務段落」取代高創造性輸出

這些設計讓你每段工作都有「呼吸」，不會壓力過載或過早瓦解。

3. 任務結束點標記：每天都要有「我今天做完了什麼」

每天至少完成一件可被具體標記的事 —— 不只是做過，而是「這件事現在真的不再需要我了」。結束感會幫助大腦形成完整回饋，也能強化第二天的啟動能量。

當你發現自己節奏斷掉了，不要急著重新逼自己做「重新開始計畫表」。

真正能讓你走回正軌的，是一套有彈性的「回復節奏三步法」：

1. 把節奏縮小一半，只做一段你一定能做完的事。

先完成一個小小段落，例如寫完一頁筆記、處理兩封信、整理一份資料。找回行動的信心，是回歸節奏的第一步。

2. 不要回顧你落掉的行程，而是直接設下一個新的「節奏起點」。

很多人節奏斷裂，是因為太執著於「我落掉了什麼」。請你設定明天早上 10:00 的任務，或今晚 9:30 的一小段工作，讓焦點轉向「我要怎麼重新啟動」。

3. 標記成功：結束時做一個儀式，讓自己記住「完成了」。

可以是打一顆星、畫一筆勾，要讓自己的大腦知道:「我是能找回節奏的人」。

這三步法不追求強力回歸，而是回到「自我主導」的節奏裡。

自律，是幫助你「穩穩前進」的一種結構

當你擁有屬於自己的節奏，行動就不再仰賴臨時的意志力；而是靠一種你為自己預設的節拍，推著你穩穩往前走。

這種結構的好處是：

- 即使狀況不好，你還是能完成一點點
- 即使生活混亂，你還有回到節奏的橋
- 即使一兩天沒做到，也不會全盤崩解，因為節奏會自己復位

這才是真正成熟的自律。它不是無敵，而是有彈性、有續航力、經得起生活撞擊的節奏感。

很多人沒有意識到，自律真正帶來的，是心理上的一致感與穩定性。

當你每天都有一段明確的節奏、清楚的行動與可以完成

的任務，你會開始產生一種「我是掌握得住自己的」內在感受。這種自我信任不只是能力的回饋，更是讓你不再焦慮、不再自責、不再漂浮的心理支柱。

也就是說，自律其實是照顧自己內在狀態的方式。你在自律的同時對自己負責，也讓自己穩定。你可以選擇每天讓自己活在混亂裡，也可以選擇為自己打造一段可以重複的、可掌握的節奏。這個選擇，就是成熟的開始。

你不需要變成時間管理大師，也不需要每分每秒都在高效狀態。你只需要每天安排一段不會壓垮你的任務、一段可以完成的行動、一段可以結束的空檔。

從那裡開始，你會慢慢發現：

- 比起不能持續，你只是需要新的安排方式
- 比起沒有動力，只是任務太模糊或環境太干擾
- 比起自律失敗，只是還沒找到你的節奏切點

這一章，我們從「做完一件事」、到「結束一件事」、到「能每天穩定完成很多事」，建立了完整的執行閉環。

下一章，我們將進入更深的行動品質：專注力與心流的建立 —— 讓你不只做完，更做得深入、清楚與值得。

第四章
從反應者變成選擇者

4-1　有太多事情決定得太快

潔西卡是一位行銷經理，她的日常行程幾乎從未出現空白。每當她打開筆電，馬上跳進三個聊天視窗、兩封急件信件和一份尚未審核的報價單。團隊內有五項專案並行，還有兩個外包人員等待回饋。

每件事都不難，單一看來她都能處理得當。但是時間一長，她開始覺得自己變得遲鈍、焦躁，有時甚至會在會議中短暫斷線。

她開始懷疑:「是不是我能力退化了？是不是我變懶了？是不是我不能勝任這個角色？」

但她的問題不是能力不夠，而是 —— 她正在進行過量決策。

大部分人並不像潔西卡那樣擁有明確的職稱與責任劃分，因此所面對的決策負荷更容易被忽視。

例如一位資深企劃，除了負責年度主題規劃外，還要同時協調視覺團隊、處理部門例會、接收行政人員臨時交辦的排程確認、甚至還要幫忙新人修改初稿。

他形容自己：「有一半時間都在做『不知道為什麼我來

決定的事』。」這種狀況不只浪費時間，更容易讓人出現「我是不是什麼都做不好」的幻覺。

在資訊與協作不斷膨脹的環境裡，如果沒有設下決策邊界，很多職場人沒有被難題壓垮，卻被太多小選擇淹沒。

每天做上百個決定，卻沒有一個重要的

現代人的問題，不是沒做事，而是做了太多事中的太多決定。

你可能會驚訝地發現，一整天下來，你其實為各種微小情境做了數十甚至上百次決定：

- 要不要馬上回這則訊息？
- 用哪個詞回覆比較穩妥？
- 先改簡報還是先處理信件？
- 這份會議紀錄我該附上摘要還是全檔？
- 客戶這句話是在暗示什麼？要不要先提預算？

這些都不叫做重大的策略選擇，但它們都會耗損你真正能做重要選擇的認知資源。這類決策不會讓你變聰明，只會讓你變累。

心理學家羅伊·鮑邁斯特在研究自我控制與決策疲勞時指出，每一次「做選擇」的過程，實際上都需要動員大腦中一整套與判斷、預測、風險評估與責任相關的機制。這不只是簡單執行一個命令，而是高耗能的心理運作。

可以想像，當你做決定時，大腦裡有一群「心理模擬單位」正在會議：他們分析選項、預測後果、測試風險，最後才交出一個你認為是「自己決定」的答案。而這整套運作流程，是會消耗資源的。

如果你從一早醒來就進入這樣的判斷狀態——穿什麼、吃什麼、先處理哪封信、怎麼安排會議流程——這些看似瑣碎但連續不斷的決策，會一路耗損你大腦的資源庫。等到晚上，你的決策系統已經進入「低電量模式」，反應速度變慢，自我控制力下降。

這也就是為什麼，白天的你可能還能冷靜思考、做出理性選擇，但到了晚上卻暴飲暴食、追劇過頭，甚至為了一件小事焦慮失眠——這是因為你的大腦已經沒力氣再幫你撐住這些選擇。

「太快做決定」，比「不做決定」更危險

人們常把拖延當作最大問題，但實際上，另一種更常見的問題是 —— 快速而不經判斷的選擇。也就是：你還沒想清楚，就已經答應了；你還沒規劃，就已經開始做；你還沒分析，就已經進入下個會議。

這樣的生活方式讓你失去了三件關鍵的判斷機會：

(1) 這件事值不值得我做？

(2) 現在是不是最好的時機？

(3) 我要怎麼做才不會在一半卡住？

當我們決定太快，就會開始被決定「反過來支配」——這並非做選擇，而是在回應一連串被動選項。

久而久之，你會開始覺得：「我沒得選了。」這是因為你已經讓太快的節奏替你預先做了選擇。

許多在工作中深感疲倦的人，是因為要由他決定的事情太多。

你可能身邊就有這種人：

- 團隊大小事大家都來問他
- 明明有制度，還是等他點頭才執行
- 客戶臨時變更需求，也得靠他「協調一下」

這些人看似重要，實際上每天都在被迫做無數「低信任度微決策」，這些事本應該交給制度、流程、團隊共識，但最後卻全部落在他一人身上。

如果你也常覺得「怎麼每天都在補破洞」、「怎麼別人不自己決定」，那比起「我要不要再撐一下」，你更應該問自己：「我怎麼會成為所有選項的預設裁判？」

三種常見的「過度決策陷阱」

1. 回應式決策疲勞

你是看到什麼就處理什麼。每當訊息一響、任務跳出，你就馬上進入「處理模式」。長期下來，你的選擇就會變成反射，而非判斷。

2. 多重角色交疊

在一件事情上，你同時扮演執行者、協調者、溝通者、確認者、提案者。這不是多工，而是角色混淆，讓你根本沒有清楚的判斷起點。

一位創業者曾分享過他最初創業的疲憊來源並非資金或團隊，而是「我一天要在 10 分鐘內切換四種身分」。

他說：「我在上午 9:00 還在跟開發部門確認技術架構，

9:15 就要幫客戶寫商業提案，9:30 接著跟法務處理合約細節，然後 10 點就要開公司內部文化會議。」

他覺得自己不像是創辦人，卻更像是四個打工仔同時套在一個身體裡。這種角色重疊的結果，不只是判斷力耗損，更容易出現決策碎裂、無法持續思考一件事的斷層感，進而失去整體方向。

3. 預判壓力過高

你會不斷思考:「我現在做這個，等一下是不是會被問？是不是應該也準備一下別的？如果主管問這題，我要怎麼答？」

這種「模擬性焦慮」，會讓你即使沒有外力壓迫，自己也先用思緒榨乾自己。

如果你覺得自己總是「回過神來才發現又答應太多」，你可以設計一張簡單的「決策預備卡片」來幫助自己降低即時壓力。這張卡片的作用是訓練你養成「多想兩秒」的心理節奏。

你可以這樣寫：

- 今天我只會主動決定三件事是什麼？
- 不熟悉的人提出請求，先用五秒觀察是否只是出於禮貌想答應
- 下班前三小時不接新任務，隔天重新安排判斷

這些條件是「幫你不那麼快反射決定」的緩衝帶。當你讓自己的思考建立儀式性節奏時，你會更有可能保護自己的資源而非消耗它。

我們需要的，不是變成超人型工作者，而是打造一套節奏明確的決策結構。你會驚訝地發現：許多決策你做得並不差，但它從頭到尾就不該由你做。

你不需要馬上設計一套很完整的判斷系統，也不必一口氣排除所有雜訊。你只要先做一件事：為自己設下一條簡單的「決策守門原則」。

也許是「凡事不馬上回應，要寫下再看」；也許是「一天只答應兩件新事」；也許是「每天睡前刪掉三個不該由我決定的任務」。

這條原則是為了幫你把選擇拉回到自己的節奏裡。從這一點開始，你會重新拿回選擇的節奏感，也會慢慢找回決策的掌控感。

你只是被過度選擇困住了

你不是無能，也不是懶惰，更不是「想太多」的人。你只是，沒有替自己劃清哪些決定是應該做的、哪些不該碰的。

你可以是一個判斷清楚、節奏穩定、有選擇意識的人。但你不能再是那個，每天醒來就馬上跳進決策海裡、被訊息追著跑、被角色壓著走的人。

從今天開始，把你的決策從「即時反應」變成「結構選擇」；把你的焦慮從「怎麼決定那麼多」變成「我決定只選幾個值得我決定的事」。

下一節，我們將建立屬於你自己的「決策框架」：一套不需要每天重新思考的選擇機制，讓你從混亂與反射裡，慢慢走回清楚與掌控。

4-2　建立你的「個人決策框架」

琳達是在科技公司任職的產品策略總監，有一次她回顧自己一週的工作紀錄，發現了一件讓她震驚的事：整整五天，她總共做了超過 50 個大小決定，從「要不要提前發布版本」到「設計要用綠色還是藍色」，每一件她都試圖參與、確認、拍板。

但最讓她焦慮的，並非那些錯誤或結果模糊的決定，而是 —— 她竟然不記得，自己當時是用什麼依據做的選擇。

她不是憑空亂決定，她也不是對事情不在意，只是太多情境下，她的回應早已變成一種習慣性判斷：靠感覺、靠現場壓力、靠別人反應的強烈程度。

她說：「我不知道我『當時為什麼那樣判斷』，也無法保證下次遇到一樣的事，我會同樣處理。」

琳達的困境，其實是許多成熟工作者也會遇到的瓶頸：當選擇越來越多，責任越來越重，沒有穩定可依據的判斷系統，會讓人陷入「每次都從零開始」的焦慮循環。

不再重複判斷的第一步，是建立框架

所謂「個人決策框架」，指的是一套你自己建立的、可以反覆使用的選擇邏輯。這套邏輯不需要是完美模型，也不是萬用解法，而是：

- 幫助你在混亂中快速釐清方向
- 減少你每次選擇都要從頭開始思考的認知成本
- 讓你未來每一次類似情境的選擇都有「可參照的依據」

這就像是大腦裡的一張地圖，雖然每次走的路不同，但你知道具體方位在哪 —— 你不會每次都迷路。

一個好的個人決策框架，會帶來三個效果：

(1) 內在一致：你不再事後懷疑「我怎麼會這樣選？」因為你知道，這個選擇符合你的原則與邏輯

(2) 行為可複製：你不用每次都重新想，只要套用框架，就能快速應對新狀況

(3) 結果可承擔：即使結果不好，你也能說服自己：「這是我根據當時資訊與原則所做出的決定，我願意承擔」

與其說這是做決定的方式，不如說這是你給自己的一份行動保證書。

三層設計邏輯開始建構

建立框架，是為所有「常見但模糊的情境」建立一套反應邏輯。我建議從這三層開始設計：

1. 第一層：價值定位 —— 這件事，值得我做嗎？

這是你判斷選項「存不存在」的第一關。

- 它是否與你當前的工作目標有關？
- 它是否能放大你真正想累積的專業價值？
- 它是否是你角色真正該處理的？

舉例來說，你可能是一個創意總監，現在有人希望你幫忙排版一份客戶簡報。這件事不難，也不是不能做，但若它無法提升你在核心任務上的價值，那麼它就不是「屬於你該決定的事」。

問自己：「我做這件事，是在往我要成為的那種人前進嗎？」

2. 第二層：時機條件 —— 我現在適合處理這件事嗎？

這一層判斷的是「可行性」與「當下的投入條件」。

- 這件事現在有足夠的資訊嗎？
- 它是否會壓縮掉其他更重要的安排？

- 我的能量與情緒是否在適合處理這件事的狀態？

舉例來說，某個跨部門會議希望你當天加入討論。你若清楚自己的決策框架，就會快速評估：「這個議題我現在的資訊不夠，若強行參與只是附和，我寧願三天後收到彙整文件再給意見。」

這不是逃避，而是替自己保留判斷品質的智慧。

3. 第三層：心理承擔 —— 我能接受這個選擇帶來的結果嗎？

這是最常被忽略的層次。

有些決策，看起來合理，也做得到，但你內心抗拒。因為怕影響關係、怕對方失望、怕自己做不到。

這些都不該忽略，因為沒有心理承擔的選擇，很難走到最後。

問自己：

- 我若做了這個決定，有沒有情緒後座力？
- 我有沒有在無意識裡其實已經想拒絕？
- 我是否能為這個結果，對自己與他人交代？

我曾經建議一位行銷總監設計屬於她的「溝通請求判斷清單」，她當時幾乎每週都會遇到其他部門找她協助簡報、審文字、排活動流程。她個性細心又重視合作，幾乎來者不拒，但過了半年，她明顯感到疲憊與內部價值模糊。

我們一起設計了一套非常簡單的自問順序：

- 這個請求是否與我部門目標直接有關？
- 是否可轉交給更適合的人而非我親自執行？
- 若我接受，會不會排擠掉我這週的優先事項？
- 我是否有信心與對方清楚交代完成條件與時程？

她後來只花一週就把這套邏輯內化，每次遇到請託她就默念一遍，很快就能清楚給出可行的回應，不再拖延或內心糾結。

她說：「這是一種讓我每天不會把自己的判斷力浪費在不該浪費的地方的工具。」

從常常卡住的情境設計屬於你的判斷條件

不用寫滿一張白板，也不用強逼自己馬上有一套成熟模型。你可以從這個簡單練習開始：

(1) 寫下這週你三個最卡住、最猶豫、最懊惱的選擇情境

(2) 為每個情境設計三個簡單的「下次我該怎麼判斷」問題

(3) 下週遇到類似的事，就套用來檢測

範例如下：

情境	我的框架問題設計
是否接受陌生合作邀約	1. 有無對應到本季核心主題？ 2. 是否是可長期延展的連結？ 3. 是否有三日內能釐清條件的資訊？
要不要自己親自修改文件	1. 是否有交付成果影響？ 2. 團隊是否已有能力處理？ 3. 是否願意因此犧牲其他進度？
被臨時加入多一場會議	1. 議題是否與我角色直接相關？ 2. 是否可後補閱讀結果即可？ 3. 是否會讓我當日主任務中斷？

請記得：你不是為了制式反應，而是為了創造有邏輯、有自信、有界限的行動方式。

很多人問：「有了這些框架後，會不會變得太冷、太機械、太無彈性？」

其實剛好相反。你建立的是可以讓你穩定對待選擇、也穩定對待自己的信任結構。

你知道自己在什麼情況下會說「是」，在什麼狀況下能說「不」，你不會在他人一句話、一個表情、一個臨時變動中就動搖。你也不會對自己的每個選擇產生懷疑內耗，因為你有根、有憑、有據。

每一次選擇，都是一次內在框架的練習

你不需要設計完美的系統，只需要建立可反覆使用的判斷方式；你不需要拒絕所有變動，而是要知道：每一次說「我選擇這樣做」，背後都有一個你信任的內在依據。

當選擇變成一種自我穩定的過程，你會發現：你越來越少猶豫，但並非因為你變得果斷，而是因為你開始擁有了一套屬於自己的選擇節奏。

下一節，我們要談的，是當世界很吵、資訊很亂，你還能怎麼堅定地選一條你不會後悔的路 —— 那才是最真實的選擇自由。

4-3　如何在資訊混亂時做出不後悔的選擇

凱文正在考慮是否要跳槽。他手上有一份來自新創公司的職務邀約，待遇不錯、彈性大、成長空間看似充滿想像。但他現在的公司穩定、同事熟悉、內部晉升也還有可能。

他已經反覆研究對方的簡報資料、LinkedIn 上的員工履歷、Glassdoor 上的匿名評論，甚至匿名私訊了幾位曾在那邊任職的人打聽。但是他越查越焦慮、越問越混亂，到最後根本不知道自己在考慮什麼。

導致這樣的原因，是資訊太多、想太多、變數太多。

結果？他沒能做出決定 —— 或者更精確地說，他在完全沒做選擇的情況下，默默讓機會流走了。

他告訴自己：「再多想一點，可能會更清楚。」接著他花了五個晚上輪流和不同朋友吃飯聊選擇；他列出優缺點、想像風險、評估可轉職後的三年發展；他甚至開始學習新職缺領域的技能，只為讓自己更有準備。

但真正讓他心煩的，不只是這些資訊複雜，還有他每晚睡前都在問自己的一句話：「我到底在等什麼？」

他不敢選，因為他無法確定自己能承擔選錯的後果。最後那份職缺關閉，他鬆了一口氣，同時心中有個聲音說:「我是不是又錯過了一個更好版本的自己？」

導致凱文這樣的，是因為缺乏一套讓他放心的決策系統。

凱文不是特例，而是這個時代許多人的縮影。資訊爆炸的世界裡，選擇看似變多，內心卻更混亂。我們明明有得選，卻因為太怕後悔，最後選擇了什麼都不做。

不是選得對，而是選得穩

現代行為經濟學指出，人在做選擇時，其實並不總是理性。特別是當選項過多、資訊混亂時，我們反而更容易陷入「過度分析癱瘓」(analysis paralysis)與「預期後悔焦慮」(anticipated regret)這兩種認知偏誤：並不是不想選，而是每一個選項都伴隨著「選錯會怎樣」的壓力，讓人遲遲無法行動。

美國心理學家貝瑞·施瓦茨(Barry Schwartz)在其著作《選擇的悖論》(*The Paradox of Choice*)中指出：當選項數量超過某個範圍後，人的主觀幸福感反而會下降。我們原以為

「選擇越多越自由」，但實際上，選項越多，你越可能懷疑自己：「是不是有更好的選擇被我錯過了？」這種懊悔感會讓我們在選擇之後反覆自我檢討，在選擇之前反覆猶豫不決，最後，甚至什麼也沒選。

我們並不缺乏資訊，卻是缺乏一套能在資訊過載中安頓自己的選擇方式。如果沒有明確的判斷架構，就很難在眾多看似都可以的選項中做出「我願意承擔結果」的決定。久而久之，我們會對選擇本身感到疲乏，是因為過度專注於當下做的選擇，卻始終沒有辦法獲得明確的方向感。

心理學家湯瑪斯．吉洛維奇（Thomas Gilovich）與維多利亞．梅德維奇（Victoria Medvec）在一項關於懊悔感的研究中發現：人們在短期內常後悔自己「做錯了什麼」，但在長期回顧人生時，最深的懊悔往往來自那些「明明可以做卻沒做」的選擇。

也就是說，真正讓你掛念許久的，通常不是哪封回錯的郵件、哪場會議中說得不夠好，而是那些你曾經有機會行動、堅持、嘗試，卻因猶豫或逃避而錯過的時刻。

因此，與其問「哪個選項比較不會後悔」，也許更重要的問題是：「我現在做出的選擇，是出自我可以承擔的內在依據嗎？」因為你真正害怕的，是選了之後卻不知道自己為什麼選它。

三種常見的混亂型選擇失衡模式

1. 資訊過度型：「我還沒看夠」

你一再蒐集資料、比較條件、預想變數，卻遲遲無法做出決定。比起分析，這樣只是在用資訊逃避不確定。

這種模式讓人誤以為「知道越多會越安心」，但其實真實狀況是：資訊越多，你的比較點就越來越不穩固，反而讓你感到無從落腳。

像剛進行數位轉型的中階主管溫蒂，她接到三家不同雲端服務商提案，各自優缺不同。她下載了 50 多頁的方案白皮書、請同仁做市場比較、還加開會議討論技術細節，結果一週後依然沒能選定。

她已經很努力了，卻陷入資訊焦慮的死循環 —— 她想等資訊告訴她該怎麼選，卻忘了先問清楚自己真正想要什麼。

2. 情緒驅動型：「我現在不爽所以決定這樣」

你可能因為在會議上被否定，就衝動辭職；或是因為在一段關係裡感到被忽略，就立刻關閉所有溝通。這樣的作法往往只是在用決策發洩壓力。問題是，你選完之後，問題沒解決，只會多一層懊悔。

就如剛被上司在會議中公開質疑的阿誠，會議結束不到一小時，就在 Line 上跟朋友說他要辭職。他說：「我受夠了這種沒有信任的職場。」但隔天冷靜下來，他發現這並非自己真正想離職的理由。他只是因為情緒高漲，用一個「看起來可以解氣」的行動，掩蓋了自己其實需要面對的團隊關係問題。

3. 關係內耗型：「別人會怎麼看我？」

你總是在選「怎麼做別人才不會失望」、「怎麼說才不會被誤解」。你其實已經知道自己傾向哪個選項，但你把判斷權讓給了他人的眼光。

結果是，你做出了一個「別人可以接受，但你自己沒辦法支持」的選擇。

像設計師艾咪，她明明知道某個客戶要求超出範圍，交期也不合理，但她還是答應了。她怕被說沒彈性、怕失去這個長期合作機會。她其實已經有自己的原則，但她把「維持好形象」放在了自我判斷之前。結果她雖然交件了，卻花了三天的熬夜與一週的後悔在懊惱自己：「我當初就不該硬接下來。」

建立選擇前的「混亂減壓過濾器」

如果你總是在資訊混亂中動搖，以下這三件事可以成為你選擇前的過濾儀式：

1. 設計「選擇清單前的沉澱問句」

在做出選擇前，先寫下以下三句話：

- 我現在選這個，是因為我想往哪裡靠近？
- 如果結果不如預期，我會後悔的是「選了」還是「沒選」？
- 我是不是因為怕承擔責任而假裝我還在考慮？

這三句話讓你的選擇從自我對齊出發，別再對抗焦慮或討好他人。

2. 把條件寫下來，比藏在腦袋裡亂跳來得好

我們常在選擇前用一句「等我想清楚」來推遲行動。但問題是，大腦在混亂中其實很難「想清楚」。你要做的是「寫清楚」。

嘗試將選項條件列成表格，如：

選項	可行性（現實條件）	吸引力（價值連結）	風險（最壞情況）	可承擔性（我能接受嗎）
A	高	中	可預見，內部成本	可接受
B	中	高	人事風險高	要思考支援條件

這樣的整理可以不讓你的感受與資訊亂成一團。

以實務情境為例，假設你是一位行銷經理，同時手上已有兩個主責專案，此時有第三個來自跨部門的「社群轉型專案」請你擔任協調人。

你在猶豫，但不妨將評估表寫下來：

選項	可行性	吸引力	風險	可承擔性
接下新專案	中	高	時間被稀釋、影響現有專案品質	若設條件交付時程，壓力可控
建議延後或由他人主導	高	中	同事可能觀感不佳	可由主管協調降低誤解

寫出來的過程會讓你發現，自己其實是在評估「怎麼做才對得起自己與其他責任」。這就是選擇的成熟感。

3. 為「選完以後」設計收束機制

選擇結束，不代表內耗停止。許多人做完選擇後才開始懊悔、質疑、後悔，甚至持續內心模擬「如果當時我沒選……」。

你可以在選完後做以下三件事：

- 寫下「我當時做這個決定的理由」——這能在你後悔時幫助自己回想動機而非幻想平行宇宙
- 設一段「後悔期」：允許自己三天後再回頭檢視，不要當下就急著懊惱
- 通知一個你信任的人你的決定，並說明原因——讓你的決定被說出來，有助於你為它負責，而非默默背負

當你能夠「說得出來」，就比較不會後悔

很多人並非因為選錯而痛苦，而是因為「說不出自己當時為什麼那樣選」，才讓自己懊悔不已。你要的是選擇背後的自我一致感。

如果你做出的選擇能讓你在三週後、三個月後、甚至三年後仍能說出「當時我那樣選，是因為……」，那麼你就不

會對這個決定產生過度懊悔，即便結果不如預期。這是一種選擇的成熟感，也是一種對自己思維的信任感。

真正的不後悔，不在於結果完美，而是在選擇的過程裡，你有在場、有參與、有誠實對自己說話。

很多人在選完之後感到空虛，是因為他們在過程裡缺席了。選擇是別人催促的、是時間逼的、是情緒推出去的。但如果你能為自己說：「我當時有問過我自己要什麼，我有設下底線、我有對選擇的條件誠實過」，那麼無論結果如何，你都會知道：那是你當時最能誠實面對自己的決定。

後悔，不會再變成你生活裡的高頻訊號，而只會是一種低聲的提醒，告訴你下次怎麼再靠近那個更穩定、更一致的你自己。

這個時代，沒有人缺資訊、也沒有人缺選項。真正缺乏的，是清楚知道「我怎麼判斷」的內在秩序感。

別再逼自己選對，而是問自己：「我是否用我相信的方式做了這個選擇？」

當你不再被資訊推著跑、不再用情緒來決定、不再等別人來批准你的直覺，你的選擇就會穩定，你的內耗就會下降。你不一定會選到最好的，但你一定可以選出「你不會後悔的」。

這樣的選擇，才是我們真正需要練習的選擇自由。

第五章

管好注意力，勝過管好行事曆

5-1

你不是懶惰，只是被打斷太多

傑森每天都提早一小時到辦公室，希望能在沒有人打擾的情況下寫完報告。但他打開筆電的那一刻起，注意力就開始四分五裂。來自行銷主管的追蹤信、前一天會議延伸的未讀訊息、專案群組裡的提醒，以及同事貼來的爆紅新聞連結……每一項都只要花幾秒鐘，但是傑森知道 —— 他再也無法進入原本預想的深度工作狀態。

到了中午，他那份策略簡報還是只寫了一頁。這讓他感到非常挫折。他甚至一度懷疑，是不是自己的自律能力退化了？是不是意志力太薄弱了？是不是根本不夠專業？

其實他沒有變懶，也沒有退步。他只是進入了一種被中斷與注意力稀釋所主導的工作節奏。而這種節奏，本身就不利於專注與高品質輸出。

看起來努力，卻做不出成果的人越來越多

這個時代最常見的困擾之一，是：明明工作時間很多、待辦清單也一條條劃掉，卻總是無法產出自己真正滿意的作品。很多人會將這歸咎於「時間管理不好」或「缺乏動力」，但當你仔細拆解整個工作流程，就會發現：真正流失的，往往不是時間，而是注意力。

你打開簡報時，切到一則 LINE 訊息；正要進入心流狀態，收件匣跳出一封標題寫著「緊急」的郵件；專心寫文案不到十分鐘，同事來問你午餐吃什麼；好不容易重新回到狀態，另一組人又來請你幫看一個版本。這些看似瑣碎的小插曲，每次只占用你一兩分鐘，實際上卻讓你在「重啟專注」這件事上損失更多。

根據史丹佛大學傳播學者克利福德·納斯（Clifford Nass）的研究指出，人腦並不擅長多工運作。當你頻繁在不同任務之間切換時，大腦需要進行資源重組、目標重設與行為調整，這不僅會造成認知疲勞，也會顯著拉低你的專注表現與判斷品質。這種現象被稱為認知切換成本（switching cost）—— 表面上你只是從一件事跳到另一件事，但實際上，大腦得花費額外力氣來「重新啟動」。

真正讓你感到疲憊的，並不是你做了太多事，而是這些

事情被切得太碎、太亂。當注意力無法長時間集中時，時間就失去了累積產出的可能性。這也說明了，提升效能的關鍵，不是拉長工作時間，而是能留得住注意力。

我們常以為，只要意志力夠強，就能牢牢掌握自己的注意力。然而，在現代生活中，我們的注意力早已被無數外部設計悄悄奪走。手機的推播通知、郵件標題的紅色標注、社群媒體的無限滾動機制——這些都並非隨機出現的巧合，它們是經過精密計算的行為設計，目的就是讓你停不下來。

加州大學舊金山分校的神經科學家亞當·葛薩莉（Adam Gazzaley）指出，大腦在接收到新訊息時，會釋放多巴胺，產生短暫的興奮感與心理獎賞。這套回饋系統會讓我們自然傾向追逐即時、多變、快速的刺激，即使明知那些訊息無關緊要，還是會不自覺打開、點擊、反應。

所以當你在寫報告時，突然跳出一則提醒，或是閃過「要不要查一下剛才在會議聽到的詞」的念頭，這並不是專注力薄弱，而是你的大腦正在響應一套比意志力更快啟動的神經機制。

真正的挑戰，在於重新安排這個環境，讓注意力得以歸位。只有當我們意識到自己正身處一個「設計來搶奪注意力」的系統中，才有可能開始為自己的專注資源做出選擇，而不只是被動回應每一個閃過眼前的刺激。

為什麼你會誤以為自己「做不了事」？

當注意力被反覆打斷，你的大腦會進入一種異常忙碌的狀態：一整天看似處理了很多事，卻很難產出真正具體的成果。你會感到疲累，但又無法說出到底做了什麼；工作持續進行，但每個段落都斷斷續續，像是被拉開的繩結永遠打不緊。這種「投入與產出脫鉤」的感受，久了會讓人開始質疑自己的能力是否退步，甚至懷疑自己是不是失去了效率與專業。

認知心理學家丹尼爾．康納曼（Daniel Kahneman）在其著作《快思慢想》（*Thinking, Fast and Slow*）中提出了「系統一」與「系統二」的理論。大腦中負責深度思考與決策的「系統二」需要大量能量才能啟動，並且依賴安靜、連貫的思緒狀態維持運作。但當你處在一個持續被中斷、分心或疲憊的環境中，這套系統的運作就會變得遲緩，甚至完全退場。此時，主導行為的變成了「系統一」——快速、反射式、避免深入的運作模式。

你以為自己還在工作，實際上只是連續處理了一串反應：點開訊息、瀏覽郵件、回應對話、查一個會議上提過的詞。整體上看起來非常忙碌，卻沒有真正進入任何一段深度思考。

久而久之，這種假象會侵蝕你的成就感。你明明整天沒停過，卻總覺得什麼都沒完成；你想做得更好，卻總是覺得力不從心。很多人會懷疑自己是不是變懶了，或是專注力下降了，但實際上，你只是還沒有擁有一段真正屬於自己的、不被干擾的注意力空間。

根據加州大學爾灣分校資訊學教授葛蘿麗亞．馬克（Gloria Mark）的研究，一般知識工作者在辦公環境中平均每3分鐘就會被打斷一次，而要從中斷中完全回到原本的工作狀態，平均需要23分鐘。這不只是時間效率的問題，更牽涉到一系列潛在的心理效應。

每一次中斷，都可能在腦中留下三種難以察覺的後座力：

(1) 注意力殘影：雖然你已經離開前一個任務，但大腦的運算尚未停止，剛才的細節仍占據著你的認知資源，使你在面對下一件事時難以集中。
(2) 心理負債感：尚未完成的工作仍在潛意識中排隊，讓你在接下來的行動中感到模糊的緊繃與內在壓力，即使你表面上看似平靜。
(3) 輸出分裂效應：當工作過程不斷被切斷，你產出的內容開始變得斷續、不連貫。句子與句子之間、段落與段落之間，失去邏輯節奏，影響整體品質。

這些效應短時間內或許不明顯，但隨著日復一日的累積，會逐漸讓人對工作產生焦躁感，甚至出現逃避需要深度思考的任務的傾向。你可能會開始懷疑自己是不是效率變差、思路變慢，卻沒有意識到 —— 你的大腦早已被訓練成只適應「被打斷型任務」的節奏。

如何建立注意力防護力？

以下這些具體策略，能幫你從零散節奏中慢慢建立起屬於自己的專注節奏：

1. 為「深度任務」設定護城河

在每天的行程中，請先排出一段「不可打擾時段」，時間不用長，30 分鐘就好。重點是這段時間的角色定義要非常清楚：這是我專門處理高價值、無法多工的任務的區段。

將這段時間：

- 對外關閉所有通知
- 對內排除一切非必要行動
- 最好放在你精力最好的時段（如早上 10:00-11:00）

習慣之後，你會發現這段時間成為你的「產能信任基礎」，每週穩定出現產出，會極大提升你的信心與判斷力。

2. 將所有通知移除預設控制權

許多數位產品都默默決定了你什麼時候該被打擾，例如「有人回你留言時震動」、「有訊息進來即時彈出」。

請主動重新設定：

- Email 不即時跳出，而是設定固定收件時段（例如 10:30 與 15:30 各一次）
- 社群通知全部關閉，任何與生產無關的訊息需你主動開啟才看得到
- 日常可視狀態顯示為「非即時回應模式」，培養同事對你專注區段的尊重

這些不是冷漠，而是對自己產能的保護。

3. 在工作區域設計「專注提示物」

環境中的視覺提示其實能影響他人是否願意打擾你。

你可以使用：

- 桌面放上「處理中，10:30 後可談」的卡片
- 會議室門上貼上「專注時段進行中，請下午回來」
- 若遠端工作，設立 Teams ／ Slack 上的標記如「深度段中，請勿即時回覆預期」

這些小動作能逐漸幫助你建立一種「可主動安排的專注文化」，也會影響團隊默契。

專注，不只是心理狀態，而是一種結構安排

我們過去常以為，專注是「靠意志力硬撐」，但其實專注是一種可以被設計的工作系統。它需要的是：

- 對注意力資源的理解（它有限而脆弱）
- 對中斷成本的認知（每次切換都是耗損）
- 對外部刺激的界線設定（不是全都要接）
- 對深度任務的明確安排（要有被保護的空間）

當你開始意識到專注是可以主動選擇的事，而不是交給環境去決定的時候，你就不再只是被節奏追著跑的人。

從今天開始，請你不要再用「今天工作了幾小時」來衡量你的效率。你應該問自己的是：

- 今天有多少時間，我的注意力是完整地交給一件重要的事？
- 今天的產出，有幾項是真正來自我清醒時的專注？

- 今天，我是否保護了自己的思考空間，而不是任由打擾進出？

你會發現，當你的注意力被你自己掌握，你不只變得更有效率，也開始找回那種穩定、有感、有方向的工作感覺。

5-2　高效的關鍵，是讓「注意力」有清楚主權

在一次團隊訪談中，一位產品經理說：「我每天的工作像是一條河，被分成無數支流，每一段都有人在取水，但沒有人在管整條河的方向。」

這句話精準地道出現代工作者面對的核心困境 —— 注意力分配權不清，導致工作品質與決策主導權失控。

我們常說「要管理時間」、「要排好優先順序」，但你會發現，時間再完整、清單再漂亮，只要注意力的主導權不清楚，你仍然會陷入一種高忙碌、低掌控的節奏中。

這一節的目的，不是要你「更努力地專心」，而是讓你開始問：誰在決定我的注意力要被放在哪裡？

認知心理學家丹尼爾·康納曼曾指出，注意力並非隨意可用的工具，而是一種有限資源，需要透過選擇性分配來使用。大腦無法同時處理所有刺激，因此必須在每一刻決定：要把注意力給誰、給什麼、給多少。

如果你沒有主動做出這些選擇，注意力的分配就會默默交由環境來決定 —— 推播通知、自動播放、紅色標記、緊

急標題。這些訊號在設計上就比你當下的任務更容易吸引你。不是因為它們重要，而是因為它們聲音夠大。

這也就解釋了為什麼你本來打算寫報告，卻一不小心花了半小時在回信和清訊息上。你並沒有真正思考過注意力該往哪裡去，而是被當下刺激自動牽走了。

當這樣的情況一再發生，人往往會誤以為是自己意志力不夠強、執行力太薄弱，甚至開始懷疑自己是不是不如從前有效率。但實際上，你的意志力早就被花在那些你根本沒打算花心力的任務上了。真正的問題在於「你有沒有在一開始就設好方向」。

提升效率的關鍵，並不在於做得多快，而是你能不能主動決定：誰有資格占據你的注意力空間。

注意力是一種選擇權，而你需要為它設立邊界

有研究指出，在資訊密集的環境中，我們的注意力平均每 8 秒就會被新刺激吸引一次。也就是說，如果沒有事先設定清楚的注意力分配原則，我們很容易就被眼前那些「最突出的東西」帶走，無論它們是否真有價值。

心理學稱這種現象為選擇性注意（selective attention）。它原本是一種演化優勢：當人類還處於原始環境中，會被突發聲音、閃動物體或強烈顏色吸引，是為了更快察覺危險與生存機會。但是在如今，這套機制卻經常反過來造成困擾。

如果你沒有為自己的注意力設好邊界，這個世界會毫不客氣地替你安排要關注什麼。那些占據你感官的，不一定值得占據你的資源。

更進一步來說，不是所有任務都應該占用同樣分量的注意力。寫週報和規劃年度策略，當然不該用同一種方式對待。真正的注意力管理，不只是選擇當下要聚焦什麼，而是為每一類任務設計不同層級的認知投入 —— 哪些是可以邊聽邊做的、哪些需要完整的靜心區段、哪些需要遠離任何打擾。

專注從來不是全有全無，而是一種精準分配與主動編排的能力。你不只是在管理時間，更是在管理你大腦的使用權。

這裡有一種簡單的分層方式，可以幫助你更聰明地配置資源：

注意力層級	任務類型範例	建議處理方式
高階層	創意輸出、策略規劃、問題解決	安排專屬段落，不被打斷、完整聚焦
中階層	對話協調、資訊整合、判斷選擇	可穿插於中強度時間段，有簡單緩衝
低階層	回信檢查、資料歸檔、重複性操作任務	可併排處理，安排於精神餘裕時段

很多人會覺得整天都很累，是因為他們把注意力過度投注在不需要「高階投入」的任務上。也有很多人無法進入深度工作，是因為高階任務的時段被低階干擾塞滿。

你的專注資源是有層次的，不需要每個任務都上滿強度，你不用一直專注，但要選對任務、用對強度。

建立清楚主權的三層注意力框架

你應該設計一套「注意力調度架構」，讓你在處理資訊時，有判斷、有依據、有主動性。這套框架可以分為三層：

1. 焦點層：你當前該聚焦的任務是什麼？

這一層關乎「你選擇專注在哪裡」，是最基本但最容易失焦的區塊。

操作方式：

- 每天列出「我今天三件最值得投注注意力的事」
- 並在行事曆中劃定對應時間（例如：上午 9:30–11:00，專注完成報告初稿）
- 寫下「為何這件事值得我的注意力」——這能幫你強化任務價值感

你不是只是要知道要做什麼，而是要決定「我願意為這三件事守住多少認知空間」。

2. 分配層：你要如何分配注意力資源？

這一層關乎「多少時間與精神力應該花在哪一類型任務上」。很多人把重要的任務排在最壓力最大的時間段，卻用早上最清醒的狀態處理回覆信件、檢查排程等瑣事。

操作方式：

- 建立「認知強度等級」判斷表：

任務類型	所需認知強度	最適合處理時段
創意發想／策略設計	高	精神最清醒的上午段

任務類型	所需認知強度	最適合處理時段
例行行政／回覆信件	低	午餐後或能量低時段
重要對話／專案協調	中	午後集中段

- 不要讓高認知任務擠進「非注意力核心段」
- 將工作行程從「時間軸」改為「認知負載軸」來安排

你不是安排時間，而是安排你的注意力。

3. 過濾層：你怎麼擋掉不該進來的注意力消耗？

這一層關乎「選擇不專注在什麼上面」。真正的專注力不是一直往前衝，而是有能力說「這件事暫時不值得我處理」。

操作方式：

- 為自己設立一份「注意力拒絕清單」，如：

不回來自非工作群組的即時訊息

不在會議中邊開信邊處理其他事

不允許自己早上 9:00 前接新任務

- 把這份清單貼在桌前或當作桌布提示自己
- 若你願意，甚至可以在團隊裡公開你的「認知邊界」，讓大家知道如何與你有效合作

你不是為了成為效率機器，而是為了保護能量的出口，專注在真正能讓你前進的地方。

來看一個具體情境。

珊珊是一位品牌經理，手上同時負責六個品項，每天有超過 50 封信、三場會議與不定時的同仁詢問，她最常對自己說的一句話是：「等我處理完這些，我就能專心了。」

但她發現這句話永遠沒有成真的一天。即便她每天提早一小時上班，還是常常在下班前突然驚覺：「我今天根本沒碰到最重要的兩個專案。」

後來她與團隊討論後，設計了「每週主注意力配置表」，類似這樣：

任務名稱	本週注意力優先度	預定聚焦時段
新品提案方向	高	週三上午 9:00–11:00
成本精簡討論	中	週四下午 2:00–3:30

任務名稱	本週注意力優先度	預定聚焦時段
日常排程信件	低	每天下午 4:30–5:00

她說：「當我明確定義什麼事值得我專注、該花多少注意力時，我反而更敢拒絕突發干擾，也更敢主動溝通時段限制。」

這並不是自我設限，而是選擇用有限的資源做最有效的分配。

建立你的「注意力決策儀表板」

有些工作者會在每日早晨或週一早上，花 15 分鐘檢查自己的「注意力配置儀表板」：

模組	問題	檢查方式
焦點任務	本週最關鍵的三件事是什麼？	是否有為它們預留清楚的時段與條件？
認知分配比例	是否將高負荷任務放在高能段處理？	我的任務結構是以價值排序還是以急迫排序？
過濾系統	有哪些刺激應該本週封鎖或調整？	是否仍有通知、訊息或會議不該存在？

這是讓你主動回到「誰在決定我的注意力配置」的起點。

當你每週都做一次這樣的設定與整理，你的決策與行動會開始聚焦、清晰、有效，因為你不是讓任務來安排你，而是你開始主動調度每一段專注的流向。

高效是守住注意力的選擇權

我們常以為高效是把清單清光、把信件清空、把任務結束，但真正關鍵的是：你是否還擁有對「注意力去向」的決定權？

這一點，才是產能穩定、決策清晰、自信回來的源頭。

問問你自己——

- 這週你最想守住的三件事是什麼？
- 哪一段時間，是你最不該被打斷的？
- 哪個通知、任務或會議，其實不值得你的注意力？

當你開始刻意選擇你的注意力去向，其他人的急事不再自動變成你的焦點，你會驚訝地發現：你沒有多出時間，卻多出了掌控感。

而這份掌控，是來自你說出：「這件事，現在不該占用我的注意力。」

不過這裡要提醒一點：擁有注意力主權，並不等於封閉、切斷、或拒絕他人。真正成熟的注意力管理，是能夠主動設定界線、清楚說明狀態，同時願意與他人協調何時進入、何時退出。

你可以對同事說：「這段時間我有排定專案重點時段，若有急事可先簡訊提醒，我中午前會統一回覆。」

你也可以寫在簽名檔上：「我每日上午安排深度任務處理段，預計下午集中回覆所有信件。若緊急請加注『重要』。」

這些做法不只是效率技巧，而是幫助你在團隊中建立互相尊重彼此專注資源的文化感。

注意力主權，不只是為了自己守住焦點，也能讓你與他人更好地分配時間與理解。

5-3　從外部環境下手，重建你的專注空間

我們常常花很多力氣調整自己的時間規劃與工作方式，卻忽略了一個更根本的事實：注意力是會被環境激發、也會被環境消耗的。

如果你身處在一個資訊雜訊不斷、空間模糊混亂、刺激無法濾除的工作場域裡，再強的自律都會變成徒勞。真正穩定的專注力，不只是來自內在的節奏，也要靠外在條件的支撐。

這一節，我們要從「空間設計」的角度切入：如何打造一個不會消磨你注意力的環境，讓你不必靠苦撐，而是能自然進入專注狀態。

認知心理學家烏爾里克．奈塞爾（Ulrich Neisser）曾指出，人類的知覺本質是選擇性的，而這種選擇並不全然來自內在意志，更容易受到外部線索的牽引與觸發。換句話說，專不專心，不只是你的意志夠不夠強，而是你所處的環境是否允許你專心。

如果你每天工作的座位正好位於開放式辦公室的走道

旁，不斷有人經過、交談、敲鍵盤，那麼你在任何任務中被抽離的機率，都遠高於一個身處安靜、可控空間的人。大腦在面對這類動態、聲響與視覺刺激時，會不斷啟動警覺反應，進而耗損本該專注的資源。

再看你的工作介面：七張便利貼、三個裝置、十幾個應用程式的分頁同時開著，每一個都像是在提醒你「還有別的事等著你」。你可能以為自己只是愛多工，其實你的大腦早就被暗示「這裡無法長時間停留在一件事上」。

注意力不只會被打斷，它還會被環境訓練。你所在的空間如果傳遞出「隨時可能有打擾」、「邊做邊想是常態」、「沒有什麼需要完整聚焦」，那麼你就會習慣於碎片式處理、反應式工作，而不再具備進入深度任務的條件。

所以，當你感覺「最近很難專心」時，不妨把問題換個問法：不是「我該怎麼更專心」，而是「我所在的這個空間，允不允許我專心？」

先確認：你的環境是哪一種注意力結構？

你目前的工作空間，大致可分為以下三種型態：

環境型態	特徵描述	對注意力的影響
無邊界空間	任何人隨時可插話／空間開放／座位無固定功能	容易形成反射式行為與不自主回應
半專注空間	有基本桌面規劃／視覺刺激稍少／有耳機或隔板	可短時段聚焦，但易受外在觸發影響
專注目的空間	特定區段只處理單一任務／有儀式感／刺激被篩減	有助進入深層思考與連續輸出

很多人之所以無法維持穩定產出，就是因為環境預設了「開放、打斷、快速回應」的模式，讓你難以違逆。

如果你長期在「無邊界空間」中工作，那麼你就需要刻意創造出一些結界 —— 讓環境不再主導你，由你來定義這裡該做什麼。

三個關鍵原則，打造可聚焦的物理與心理空間

1. 原則一：空間功能要單一，不要混用

一個常見的錯誤是：用同一張桌子處理報告、看影片、講電話、吃飯。這樣會讓大腦無法建立任務的進入與退出界線。

請試著這樣區分：

- 一個角落只做策略思考與創意工作
- 開放桌面只保留目前使用的裝置與文件
- 非工作相關行為（吃、看劇、閒聊）移出主工作區

這不只是整理桌面，而是透過位置差異創造任務的心理預備狀態。當你每次坐上這張椅子、看見這塊空白桌面，你的大腦會逐漸建立出：「現在是專注時間」的內在反射。

2. 原則二：用環境設計替你做出注意力決定

與其一直告訴自己「我不要滑手機」、「我要專心」，不如讓環境替你擋掉那些刺激。

這裡有幾個可操作的實際設計方法：

方法	說明
隔離裝置	把與任務無關的裝置（如手機）物理移出工作區，可放在另一房間或設定特定收納箱
訊號切換	工作時將電腦主畫面改為簡約視覺，減少開啟分頁數（建議少於五個）
聲音場域切換	使用同一段音樂作為專注啟動信號，建立聲音與專注的心理關聯
可視化界線	在空間使用可視物件（如隔板、植物、目標紙條）劃出心理上的「任務區」

這些是為了讓你的環境「幫你先做決定」，不再需要你每天反覆思考：「我現在應該專心嗎？」

3. 原則三：為注意力設計「回收區」與「重啟點」

專注狀態並不會一直持續，它需要有節奏、有切換、有重整。

你可以在一天中設計以下兩個環節：

1. 注意力回收區：這是一個讓你可以從分心中回到主任務的空間或時間，例如：

- 桌面上的「回收任務清單紙」，讓你在中斷後知道要回到哪件事
- 午後 15 分鐘的「整理段」，專門檢查當日注意力是否偏離主目標

2. 重啟點設定：與其強迫自己硬切回任務，不如建立啟動儀式：

- 開啟同一份檔案、戴上耳機、寫下下一段落要處理的句子
- 建立固定重啟程序，讓大腦從混亂切回專注頻道

這些設定會讓你從「一直在補破洞」的工作模式，轉為「有節奏、有開合」的思考節奏。

重設數位環境：把干擾從設計端封鎖

物理空間之外，數位介面才是你注意力流失的主戰場。以下是三個常見但常被忽略的干擾來源與調整方法：

干擾源	原因說明	建議行動
預設啟動分頁過多	每次開機就同時打開多項平臺，無法集中主線任務	設定開機只啟動主任務頁面
推播設定無預警	系統自動推送新聞、社群、會議提醒，打斷注意力連貫	關閉所有非必要通知
APP 無界線排布	所有工具混放在桌面，視覺混亂，造成任務邊界模糊	分類整理桌面，依任務建立專屬資料夾

這些調整聽起來簡單，但是真正執行起來，需要你對「我該保護什麼」這件事有明確的選擇感。

不只是要專注，而是要讓環境支持你專注

你不是為了擁有一個整齊的辦公桌，也不是為了建構一間「彷彿很有生產力」的工作室，而是要讓環境的存在減少你每天與自己拉扯專注力的能量消耗。

當一個空間能幫助你進入適當的狀態，幫你維持注意力的連續性，也幫你在分心後知道怎麼回來，你就不再需要強

迫自己一直專注，因為環境本身已成為你思考系統的一部分。

我們對高效的想像，不能只停留在時間表與內在節奏的自我管理上。真正持久的專注，來自於你是否願意為它設計結構、創造支持、建立護城河。

這不只是為了你完成更多工作，更是為了讓你的思考空間有一個不被打擾的生長場域。當你開始用環境說服自己：「這裡，是專注的地方」，你也會慢慢擁有那種內在安定與外在穩定一致的節奏感。

你做事的方式，其實藏在你工作的空間裡。重建這個空間，你就會開始看見，原來自己早就有能力把重要的事，完成得更穩、更深、更準。

第六章
高效溝通，才有高效團隊

6-1
別讓「講太多」成為溝通破口

瑞秋是一位在新創公司任職的產品設計師，資歷五年、專業能力備受肯定。某天的跨部門會議中，她負責向行銷、業務與技術端簡報一項新功能規劃。她準備了滿滿 15 頁簡報、講解時間長達 35 分鐘，內容包含市場需求調查、技術風險評估、使用者回饋摘要與設計原型變化的每一個版本。

當她講完時，現場一片寂靜。技術主管說：「我們還需要點時間消化。」行銷同仁微笑點頭，但是沒人提問，會議就這麼結束了。

三天後，瑞秋發現同事們對那項功能的進度幾乎毫無反應。她疑惑地問：「是不是我講得不夠清楚？」但她心裡也知道 —— 她已經把能講的全講了，為什麼還是沒人行動？

真正的問題，不是「講太少」，而是講太多 —— 太多資訊、太少焦點；太多說明、太少結構；太多自己在講，太少讓人聽得懂。

你講得越多，對方可能記得越少

在溝通中，我們常有一種錯覺：只要我講得夠詳細、夠全面，對方就一定能理解。這種「資訊傾倒式表達」看起來像是負責任，實際上卻可能導致完全相反的效果。

以下這三種，是最常見的「講太多反而變成溝通破口」的狀況：

1. 資訊洪水型：給太多，反而讓人抓不到重點

你想讓對方理解，就一股腦把背景脈絡、延伸情境、過去經驗全部倒出來，結果是——對方只記得你講得很多，但完全不確定自己該做什麼。

溝通不是資料展示，而是「目標引導」。當你的語言沒有幫助對方做選擇，而是讓他更混亂，那就不叫有效溝通。

2. 跳躍敘事型：沒有結構，讓人難以對齊

很多人表達時心中是清楚的，但講出來卻是斷裂的。一下從「我們那時候在改需求的時候……」跳到「其實客戶後來有說希望能加什麼」，再回到「但我覺得工程端其實也不是完全不能配合」。

聽的人根本不知道現在是在講背景、狀態還是結論。沒有結構的表達，只會讓理解的門關得更緊。

3. 模糊責任型：講了很多，卻沒有明確輸出

你說完一整段內容，對方點頭了、表示理解了，但實際上他根本不知道——這段話跟自己有什麼關係？自己該做什麼？什麼時候？要對誰報告？

這種「講完卻沒人接得住」的情況，在團隊中最容易造成行動斷層。一場溝通如果沒有交付感，就等於沒有完成任務。

很多時候，講得多的人其實不是沒人聽，而是沒人敢問。尤其在工作場合中，一旦一個人語速太快、語氣太滿、語境太壓迫，其他人往往只會「先聽完再說」，不是真的理解，而是選擇保留。

這不完全是因為話講太多，而是講話的方式讓他人「沒空插話」、「不敢打岔」。一場話語主導的溝通，很容易變成單向演講，最終錯失讓對方理解與參與的機會。

你講得越密，別人就越無法對話；你講得越滿，對方就越不可能補上真正的回饋。

你可能會說：「我也不想講太多啊，可是如果不補充清楚、如果不鋪陳完整，別人誤解怎麼辦？」還有一種更常見的心理反應是：講多一點，會讓我看起來更有掌握感。

但這些念頭背後，通常來自兩種不必要的心理負擔：

(1) 怕被質疑，所以先講完所有可能反駁點

(2) 想證明自己有準備，所以把所有細節都搬上臺面

這些出發點或許是善意的，但卻不利於溝通的真正目的 ——「對焦共識、傳遞訊息、推進行動」。

說得多不等於信任感多，有時你講的每一句話，其實都在稀釋對方對你訊息的接收力。當你語速越快、補充越多、話題越發散，對方反而會開始懷疑：這個人真的知道他在講什麼嗎？

講太多的另一個隱形代價，是它會默默破壞你的溝通回路。

試想：如果你習慣一次講完全部內容，再問對方「有沒有問題」，你其實已經關上了大部分人願意提問的大門。因為多數人根本不知道從哪裡問起，也怕自己打斷你的節奏、顯得沒吸收。

這樣的溝通方式，看似掌控全場，實則讓整個團隊失去了回應與調整的彈性。你以為你交代得很清楚，實際上只是對方找不到切入點開口。

某些主管或資深同仁，講得多不是因為資訊多，而是因為他們無法忍受模糊與未知。他們常常會在簡報前說：「我

先講一下全貌，等會你們再補充」，但這個「全貌」往往會占據整個會議前半小時。

這不是分享資訊，而是一種權力控制：用語言去框住討論的起點與界限。當他們講完之後，其他人就只剩下附和或糾正的餘地，難以真正展開對話。

這種「語言壓制」會讓團隊習慣沉默，也會讓重要意見被埋沒。講很多，不代表有準備；有結構，才代表你真的知道自己在做什麼。

精準表達三原則：目的 × 結構 × 空白

如果你希望自己的語言能成為推進任務的力量，而不是讓合作卡住的斷點，你需要學會這三個關鍵原則：

1. 原則一：每一次表達都要對齊一個「輸出目的」

別再從「我要講什麼」開始思考，而是問自己：「我希望對方聽完以後，要知道什麼／決定什麼／行動什麼？」

這就像寫 Email 主旨一樣，如果你無法用一句話說出這段話的「輸出目標」，那這段話八成不會被有效接收。

範例：

- 錯誤：我來說一下這次的設計背景與轉變脈絡（太模糊）
- 正確：我想讓大家理解為什麼這次改版以「移動端」為核心考量

一段話只有一個任務焦點，這樣才接得住。

2. 原則二：讓語言有「行動結構」

好的溝通不是口才好，而是結構清楚。你可以試著讓表達呈現出「三層層次」：

層級	問題	說法示例
上層：為什麼要講這段？	輸出目的	「這段我想說明……的背景」
中層：現在狀況是什麼？	任務現況	「目前進度卡在……」
下層：要做什麼？誰來做？	行動指派	「接下來……由誰在……前處理」

這樣的說法是為了讓人「聽得懂、接得住、動得起來」。

3. 原則三：說話不是填滿，是要留出「回應空間」

有些人講話習慣一口氣講完，不讓對方打岔、不預留沉默、不設停頓，這會讓聽者失去參與的機會，也讓對話變成單向輸出。

學會說話要「留白」—— 給對方問句的空間、確認的空間、情緒反應的空間，這樣溝通才會是雙方共同完成，而不是你一個人在舞臺上表演。

很多人以為精簡的表達就是「講越少越好」，但真正有經驗的人知道，好的溝通不是縮短句子，而是讓對話有續航力。

與其一口氣講到底，不如只說60%，保留40%給對方。你可以留下伏筆、設一個問句、列出選項但不立刻收尾。這會讓人知道：你在等回應，而不是急著證明你有答案。

這樣的語言，不是沒講完，而是故意留白。因為真正的有效表達，是說到一個程度後，讓人願意跟你一起繼續說下去。

操作練習：用這三句話練習你的輸出語言

試著將你下次要表達的內容，轉換成以下這種格式：

(1) 我想讓你知道的是……

(2) 這背後的原因是……

(3) 所以接下來我們需要……

這樣的練習可以幫助你將內在思緒「打包成可理解的語言」，也讓聽的人更快接軌進你的邏輯系統中。

真正高效的溝通，是讓人「動得起來」

講得多，講得快，講得滿，不一定會讓人更理解。你不是在證明自己有多會說，而是在幫對方完成一個認知上的建構與行動上的起點。

在高效團隊裡，有一種說話模式會特別受歡迎：講話能減少協作成本、提升執行效率、讓決策快速到位。

你可以從現在開始練習：少一點冗語、多一點目的；少一點背景鋪陳，多一點輸出邏輯。

因為溝通，不是你講了什麼，而是對方最後能不能行動。

6-2
清楚表達，是一種可交付的行為

瑪蒂是一名資深行銷專員，她的主管曾這樣評價她：「講話邏輯不錯，但總是需要問第三次，才知道她要我做什麼。」

這不是她表達能力有問題，而是她說完話之後，沒有產生任何可追蹤、可實際應用的任務輸出。每次開完會，同事對她的說明「都有印象」，但從來沒人知道她期待什麼時候完成、要用什麼方式交付、誰負責哪一段。

幾次下來，她感到挫折：「我有講清楚啊，大家明明都有聽。」但事實上，她講得也許「資訊正確」，卻「語言無交付」—— 表達雖完成了，但任務沒真正起跑。

在團隊合作中，講話不是自我輸出，而是一種任務的交付方式。當你說完一句話，對方能不能接得住、做得出來、回得準確，才是語言真正發揮效能的指標。

我們習慣把溝通當作口語能力的表現，但在真正有效的職場中，語言是一種輸出行為，它必須有：

- 明確目標（為什麼要講這段）
- 被定義的對象（是對誰說）
- 可執行的後續（聽完能做什麼）

這就是「可交付的表達」：說出一段話，它就像一份任務說明書，有頭有尾、有入口有出口、有角色與時程、有格式與驗收依據。

反之，那些說完之後沒人知道該做什麼的語言，只是「資訊搬運」，不是合作的一環。你沒有講錯，只是沒設計「講完以後會發生什麼」這個動作。

三種語言輸出的交付等級

為了讓這個概念更清楚，我們可以將表達方式區分為三種交付等級。這不是能力高低，而是輸出意識的成熟度差異：

等級	名稱	特徵	典型句型	問題點
第 1 級	描述型輸出	說出狀況、分享資訊	「我們目前有三個案子要推進」	沒有角色或後續，不具行動力

等級	名稱	特徵	典型句型	問題點
第 2 級	任務型輸出	說清楚誰該做什麼	「這週五前麻煩你確認報價單」	有動作，但細節模糊或格式不清
第 3 級	協作型輸出	附帶格式、時程與驗收條件的語言交付	「你幫我整理三版文案，週三中午前放在共用資料夾」	明確、可追蹤、可複述、行動可展開

很多人覺得自己已經講得很完整，但往往還停留在第 1 級或第 2 級。你講了「背景與需求」，但沒定義輸出形式與時間界線；你講了「希望幫忙」，但對方不知道你希望達成的結果是什麼樣模樣。

只有第 3 級的表達，才算真正把任務轉移成功。你不只是把事情交出去，而是讓對方知道怎麼接、什麼時候交回、交回什麼格式。

問題來了，為什麼我們總是那麼容易停在第一級？

這種情況背後其實有幾個心理機制：

- 「我不想控制太多」：怕講太細會讓人覺得難相處
- 「對方應該知道怎麼處理吧」：誤以為熟悉就代表不需定義

◈ 「說了好像太小題大作」：忽略每個小任務都需要明確界線

結果是：你沒說清楚，對方怕誤解也不敢問清楚，最後就變成「嗯我再看看」或「等你下一次再講一次我才動」。

這不是對方能力差，而是你給的語言沒打包好。

我們常以為「我心裡知道我要說什麼」，只要把這個念頭講出來就好。但實際上，大腦對一件事的理解，和語言能夠表達出來的內容，是兩種截然不同的能力。

神經語言學研究指出，大腦在內部思考時，使用的是壓縮式概念組合，但在轉化為語言時，則需要逐步線性展開。你可能在腦中已經完成任務定位、優先排序與時程設計，但是一旦要開口或寫信說明，就得將這些資訊「一字一句展開來」。

問題就出在這個「展開」過程：如果你沒有事先想好資訊的排列順序、沒有準備好交付格式，你說出來的內容就會像倒水一樣傾瀉出去，但沒有容器能接住。

很多人不是沒想清楚，而是沒準備好「怎麼讓別人聽懂我已經想清楚了」。

清楚的語言長什麼樣子？

模糊 vs. 可交付對照

模糊語言	可交付語言
「幫我處理一下」	「這份名單請你今晚 7 點前分類好，照產品別拆三類」
「要跟他們確認一下流程」	「請你在明天會議前跟 Jack 確認 API 測試時間點，並更新在簡報 P10」
「這個案子要留意一下預算喔」	「下週一簡報要補上預算表格，格式比照上次 B 案」

這樣的語言之所以有力，不是因為話多，而是因為元素完整。你設計了角色（誰做）、任務（做什麼）、時程（什麼時候）、格式（交出什麼樣）、位置（交在哪裡）—— 這才叫可交付。

有些人覺得自己已經講得很明白，但總是覺得團隊理解力跟不上。你可能在會議上說：「大家這週要再緊一點，目標是把整體進度追回來」，但對團隊來說，這句話沒辦法行動，因為沒有「可以執行的對接點」。

什麼是對接點？它應該具備三個條件：

(1) 角色清楚：「誰來處理」不能模糊

(2) 時間清楚：「什麼時候」不能是模糊週期（如「近期」、「這週要處理」）

(3) 格式清楚：「要交出什麼」不能靠意會

這不代表你要變成硬邦邦的任務官，而是你要為語言提供可以被展開與結束的框架。

實作練習：三段式語言交付模板

若你想建立起「講話就能交任務」的語感，可以從以下這個模板開始練習：

「這件事我們需要在［什麼時間］完成，請你負責處理［任務核心］，輸出格式是［交付物］，屆時交給［平臺／對象］。」

例：

·「週五中午前請你彙整一份文案版本建議表，列出三版選項，標注建議理由，上傳至共用文件夾。」

這種語言不是命令，而是讓任務清楚啟動、也有明確收束。你給出了進口，也設好了出口。

來看一個真實案例：行銷部門主管艾莉絲，在週一早上寄出一封內部信，想交辦一份客戶簡報的準備任務。她語氣禮貌、內容詳實，信中這麼寫：

「這週的簡報需要大家幫忙完善，我希望我們可以展示更多跨部門合作的精神，也強化數據與創意兼顧的邏輯。請大家針對自己負責的部分盡快確認內容，並於週四前彙整。」

她認為自己已經講得非常到位：語氣溫和、方向清楚、時間節點也有交代。但到了週三，簡報仍七零八落：有人準備了十頁創意提案，有人貼了一段未校對的數據圖，有人根本不知道該動手。

並非團隊懶惰，也不是他們不重視簡報，而是這封信裡沒有「語言的交付節點」。沒有說清楚：

- 誰負責什麼頁面
- 需要哪種格式的輸出
- 要交到哪裡、誰收總稿、誰審核

這是一封看起來溫和、有方向、有行動意圖的信，卻不是一封「交付明確、可行動對接」的任務語言。

當表達開始有版本控制，效率會完全不同

真正成熟的團隊能夠透過語言「協調版本」。所謂版本，不是檔案的版本，而是任務認知的版本。

你可以這樣問對方：

- 「你這邊收到的任務理解是什麼？」
- 「你覺得這件事交付時需要什麼樣的條件？」
- 「我們對這段內容的版本認知一致嗎？」

這些問題會幫助你確認雙方的語言是不是同步，不再只是你說了就算，而是雙方都知道「講完之後要怎麼接」。

當溝通失誤發生時，我們常會說：「我有講啊，是他沒記得／沒回應／沒做對。」但在有效合作裡，語言的責任不只是輸出資訊，更是設計可被接收、被轉化的輸出行為。

如果你說了一段話，卻讓對方需要自己去推敲角色、補足時程、試圖猜測你要的是什麼，那麼這段語言雖然「內容沒錯」，本質上卻是一種責任轉移。

真正的交付語言，是你說完之後，對方可以直接開始做事，而不是要再猜一輪、問一輪、確認一輪。

記住：你講話的方式，決定了別人接力的效率；你說得清不清楚，也不是你自己說了算，而是看對方能不能行動起來。

我們以為講得詳細就是負責任，但真正負責任的語言，是講完之後對方可以立刻啟動。你要在每一次任務傳遞時，知道自己不是在說話，而是在遞交一個任務的種子。

講話不是為了表現你思考得多，而是為了讓對方思考少一點、動作快一點、做事明確一點。讓語言有出口、有格式、有節點、有版本，你說的話才會是具有交付力的溝通系統。

6-3 開一次有意義的會，勝過傳十次訊息

凱倫是內容行銷團隊的負責人，每週固定主持一次例會。但最近她發現，團隊對會議越來越冷漠：會議時間一到，大家準時登入線上會議室，打開鏡頭，卻默不作聲；輪到每個人報告時，大多只是快速唸過進度；討論環節開啟後，經常陷入「沒意見」、「照原本流程」的靜默狀態。

會議結束時，她總覺得空有流程，卻無推進。幾次之後，她乾脆取消例會，改用訊息交辦。但是新問題又出現了：訊息傳了十幾則，有人沒看、有人誤解、有人進度重複。最後還是得開一場臨時會議，把所有錯位的資訊重新拉齊。

她感到挫折：「我有開會，也有溝通。到底是哪裡出了問題？」

問題不是會議本身，而是會議的設計沒有產出價值。不是你開了多少會，而是那場會能不能取代十次來回訊息的溝通量、澄清力與行動推進力。

我們常聽到「少開會、少開冗會」這類呼聲，特別是在

遠距或混合工作型態普及之後。人們越來越害怕會議：覺得太耗時間、太多廢話、太多不相關的人參加、太多講了也沒結論。

這些確實是職場會議的常見弊病，但真正該解決的不是「開或不開」，而是「會議是不是被當成一種輸出工具在使用」。

一場有意義的會議，應該具備三個基本功能：

(1) 同步資訊：讓團隊知道彼此的進度、觀點與優先排序
(2) 澄清預期：釐清角色、責任、標準與時程
(3) 觸發行動：會後每個人知道自己要做什麼、交什麼、何時交

只要有一場會能一次達成這三項，那麼你就能省下後續無數訊息來回與誤解補救的成本。

有流程的聚會不等於有意義的會議

職場裡充滿看似正式的會議流程：照著議程報告、每人輪流講話、會後整理紀錄。但為什麼這些會議仍然讓人覺得空洞？

因為很多會議是「流程正確但行為錯位」—— 該講的不

講、該問的不問、該推進的沒定案、該避開的都繞過。

例如某次專案對齊會，主持人按議程請每位窗口說明進度，大家都照流程回報。但沒有人提到彼此進度其實衝突、資源已經分配重疊、而某個環節根本還沒人接手。於是會議順利結束，但專案接著出現大卡關。

這場會議之所以沒有效果，是因為沒有產生「有推進意義」的對話。

一場會議最容易讓人誤判的地方，是它在形式上完成了程序，但在內容上未完成同步。主持人可能覺得：「議程全跑了、每人都有回報、時間沒延誤」，但與會者的實際感受卻是：「不知道這場會議的重點是什麼，也不知道我現在該做什麼」。

這種狀況的核心問題，是會議被設計成一種「流程通過」的儀式，而非「決策生成」的現場。每一位參與者，從頭到尾其實都還在猜：這場會是為了什麼？我扮演什麼角色？我說這段話的後續是什麼？

會議的心理成本，其實遠高於形式成本。真正讓人感到厭煩的，不是講話花了幾分鐘，而是「沒有人知道講完要幹嘛」。當參與者進入這種「我來是因為要來」的模式時，會議就從協作工具變成了時間消耗場。

三個關鍵條件，讓會議真正成為推進工具

真正有價值的會議，不需要長、也不一定要人多，它只需要具備三個核心條件：

1. 有中心問題，不只是進度回報

很多會議之所以無感，是因為內容只是報告、彙整、回顧，但沒有讓人思考：「我們要不要改變什麼？」、「這件事現在該怎麼解？」

好的會議要能把對話焦點鎖定在一個具挑戰性或價值感的「核心問題」上。例如：

- 「這個方案為什麼市場反應慢？是不是要調整投放順序？」
- 「目前設計與工程排程出現落差，該怎麼重配？」
- 「行銷費用過高，我們有沒有更簡化的版本可以測？」

這些問題不是只是問近況，而是讓團隊進入決策與策略層次，這才是真正需要同步與討論的內容。

2. 有對接點，而不是每人都說一下

會議不是讓每個人都輪到講一句話，而是讓所有人知道「誰需要跟誰對話」、「誰需要聽誰的訊號」、「誰的進度會影響誰」。

有效的對接可以是：

- 「產品與業務需在週四前確認功能優先順序，否則後端測試會延遲」
- 「下週客戶提案由設計與文案共同出席，請提前協作版本並確定說詞」
- 「這段客戶回饋由小綠分析並提出重點整理，下週同步簡報前提供摘要」

你不需要讓每個人都發言，但你需要讓每個人知道自己應該與誰「連線」—— 這才是會議真正的意義。

3. 有行動清單，而不只是會議紀錄

很多會議有「紀錄」，但沒有「下一步」。你知道剛剛發生了什麼，但不知道接下來要做什麼。

真正有價值的結尾應該是：

- 行動清單列出
- 每項任務有負責人、有時程、有交付標準
- 大家都知道下次會議要交出什麼

如果每場會議最後都有這樣一張簡單的行動頁，每個人看一眼就知道該做什麼，那麼你就不需要開第二場「來補第一場沒講清楚」的會議。

一場好的會議，除了議題明確、流程清楚，還要設計得讓不同溝通節奏的人都能有效參與。

不是每個人都擅長即時發言、快速對話。你可能會發現，有些團隊成員在會議中沉默寡言，但在會後私下訊息中，能給出最清楚的判斷與建議。這是語言節奏與輸出空間的適配性問題。

主持人若能預先提供發言結構引導（如「請大家用一句話說明目前最擔心的事」），或在會議中段安排簡短靜默整理（如「給大家三分鐘寫下最需要協助的任務，等下逐一確認」），就能讓不擅長即時對話的人也能貢獻內容，而不是被語速與聲量邊緣化。

會議不能靠熱情撐起，而是要靠結構設計讓不同類型的成員都能接上頻道。

從一場混亂例會學到的事

來看一段具體敘事：

在一間新創科技公司裡，週二上午是固定的專案對齊會議，會議時長一小時，由產品經理主持。當天八人準時上線，氣氛和諧，主持人一邊開議程一邊說：「今天我們照舊，先請各部門回報狀況。」

半小時過去了，四個部門輪流報告進度，但沒有人提到資料庫延遲、也沒有人提起本週用戶端測試進度落後。

直到會議最後五分鐘，技術負責人突然說：「那個後臺 API 這週來不及串完，可能要延一週。」

所有人這時才驚覺，這段功能和行銷部即將投放的文案時間不符。臨時開始混亂討論、互相追問負責人、爭論誰知道時間點，但時間早已不夠，最後只好說：「等一下再私下對一下吧。」

這場會議的問題不在於缺少資訊，而在於沒有設計「問題焦點」、「角色連線」與「行動出口」。

反觀隔週的改進版會議，主持人開場先丟出主問題：「這週資料與前端排程可能衝突，請各部門提早提出相互卡點」，然後只針對對接關鍵點逐一展開討論，會後統整四條行動項目，明確時程與負責人，一場 45 分鐘的會議，讓三項卡關問題即時被處理。

同樣是開會，但有無意義感與推進力，差異在「有無設計」，而非「有無發言」。

會議是語言與節奏的濃縮場

很多主管或協作者在排會議時的第一反應是：「我們開個會說清楚就好。」但如果沒有清楚的判斷點，這場會很可能只是資訊重複、情緒耗損、結果模糊。

在決定是否要開一場會之前，不妨先問自己這三個問題：

1. 這個議題是否需要同時多方回饋與澄清？

如果只是一對一的交辦，或可書面明確敘述的訊息，可能根本不需要會議形式。

2. 這個問題是否會影響他人角色或時程？

如果是需要跨角色協調、避免誤解與重工的狀況，開會有其價值，因為即時對話能避免訊息誤差。

3. 這個議題是否需要現場同步敲定結果？

若有「要拍板、要確定、要立即反應」的需求，會議才是最有效的格式。

問完這三個問題後，如果有兩項以上答案是「是」，那麼你開這場會議的可能性才站得住腳。否則，它可能只是你「對混亂感不安」的反射性應對，而不是真正有效的對話設計。

當你覺得會議沒價值時，不要立刻想著取消它，而是先問：「這場會議裡，有沒有值得同步的東西？有沒有值得面對面的對話需求？」

真正有意義的會議，不是因為大家說了很多話，而是因為：

- 對話產生行動
- 資訊得以澄清
- 判斷能夠校準
- 團隊因此朝同一方向推進

可以少開會，但不能讓問題永遠浮在訊息裡來回繞圈。開對一場會議，也許就是節省接下來二十封訊息誤會的關鍵。

會議不是表演，是對焦，是節奏，是讓一群人可以同時往前走的起跑線。

6-4
讓人聽懂，不是你講得清楚而已

「我真的有講啊，是他沒在聽。」

這幾乎是職場中最常聽到的抱怨之一。你可能也曾有類似的經驗：你在會議上完整說明了一個計畫邏輯、流程與時程，但到了執行階段，同事卻出現方向錯誤、誤解優先順序，甚至完全沒動作。你感到挫折：「明明我講得很清楚了，到底是哪裡出了問題？」

但是你可能忘了，溝通的責任，不在於你講了什麼，而在於對方最後接收了什麼。

「講清楚」是輸出的完成，「聽懂」才是溝通的完成。

多數溝通的誤解，其實關鍵在於雙方對「訊息是否已完整」這件事的判斷基準不同。

對說話的人而言，只要自己把想法講出來，覺得邏輯有交代、脈絡也提到了，內心就會默默打勾：「我已經講清楚了。」但對接收者來說，真正的評判標準是：「我知道我要做什麼了嗎？知道怎麼做、什麼時候做了嗎？」

講話的人以為傳遞的是內容；聽話的人在意的，是能不能付諸行動。這中間的斷層，就是溝通失效最常出現的隱形裂縫。

認知心理學中有一個概念叫做「詮釋落差」（curse of knowledge）。意思是：當一個人對某件事已經非常熟悉，就會很難想像對方不知道這件事會是什麼感覺。你越清楚自己在說什麼，反而越容易忽略 —— 對方可能完全沒有你的前提知識、背景脈絡，甚至連你話語中的「重點」是什麼都無從判斷。

這也就是為什麼你會氣餒地說：「他怎麼還是沒懂？」但實際情況是，你只是講了你知道的，卻沒有把它轉換成對方能理解、能採取行動的形式。

真正有效的溝通，是讓對方有辦法從中做出正確行動。這需要的不只是清楚，更是一種「翻譯能力」—— 能不能從對方的角度出發，去設計訊息的形式與出口？

「說得清楚」和「被聽懂」之間的斷層

來看一個日常例子：

專案負責人對設計師說：「這週的簡報頁面，設計上不要太重資訊，要以視覺吸引力為主，但也不能太花，因為還是要讓客戶感覺有邏輯。」

聽起來合理，語意完整，語氣也很有善。但這段話可能讓設計師在電腦前坐了兩個小時後，仍無法開始動手。因為他內心浮現的是一連串問號：

· 資訊「不要太重」的標準是什麼？要放幾個數字？

· 客戶要「感覺有邏輯」是指配色要對稱？還是內容要有分類？

· 哪個頁面應該是主視覺？哪個頁面可以簡單帶過？

這段話在輸出者的世界裡，已經是完整想法的總結；但在接收者的世界裡，它只是「一串要同時滿足三種風格的要求組合」，沒有轉譯、沒有舉例、沒有邊界。

所以問題不在於對方聽不懂，而是你沒有幫助對方進入你的思考世界。

真正有效的語言輸出，包含兩個步驟：

(1) 表達內容：你說了什麼

(2) 驗證理解：對方能不能描述出來、複述回來、或正確行動

如果只有第一步，你只是發表；如果有第二步，才是溝通。

這就是為什麼在專案協作中，「溝通完」不是一句「懂了

嗎？」而是一句：「你怎麼理解這件事？你預計怎麼做？」

這類「理解驗證點」的設計，是為了讓雙方對焦。

如何設計「聽得懂的語言」？

以下是三種可具體操作的語言設計方式，幫助你不只是說清楚，而是說出對方能接住的內容：

1. 用結構化語言代替感受化語言

感受化語言：

- 「我希望你這週快一點把那個案子往前推。」
- 「可以幫我調整一下那個提案的調性嗎？」

這些句子雖然語氣柔和，卻讓人無從判斷「快」是什麼程度、「調整」指哪些面向。

結構化語言：

- 「這週五前完成第一版大綱，我週末可以先審初稿。」
- 「請針對開場與收尾語句，加強與用戶價值的連結，控制在 80 字以內。」

清楚的語言，關鍵不在聲音大、語速快，而是資訊結構清楚、可拆解、可操作。

2. 為抽象概念提供參照物或對照範例

不要只說「這樣感覺還不夠穩」、「風格不太對」、「要更有說服力」，而是加上可參照的比對：

- 「請以 X 品牌那支影片的風格為範例，簡潔但不冰冷。」
- 「我們之前的案子第七頁的那種切入方式，我覺得可以複製過來。」

人對於抽象詞彙的感受會落差極大，越是抽象的形容詞，就越需要透過對照來具體化。

3. 預測對方的疑問點，主動提前說明

一段有效的溝通輸出，必須包含「角色互換」的模擬。

換句話說：你在講話前，要先預想對方可能會問什麼、卡在哪裡、需要什麼才接得住。

比如你說：「這週幫我把行銷素材發包出去。」這時你可以多補一句：「參考上次五項素材的規格與流程即可，時間可照上次安排，也可等拍攝案回覆後再選擇廠商。」

這種「對方可能會問什麼」的預備句，就是讓語言真正落實的關鍵。

成熟溝通者的樣子

小宜是內容編輯主管，週一早上她對文案說：「這次的專案，我希望風格偏輕鬆、有點像我們之前那次生活化的線上活動，時間部分抓本週中給初稿。」

聽起來溝通順暢，語氣也無壓力。文案點頭記下，當天就開始執筆。

到了週三，小宜收到初稿後滿臉問號。她心想：「這根本不是我要的風格，怎麼會寫成這樣？」

她錯愕地問文案：「你怎麼會理解成這種調性？我說的是像那次活動的感覺啊。」

文案則無奈地說：「你當時講的是『生活化』，我理解那次的活動是走親子向，所以用了類似風格⋯⋯」

這場誤解，沒有誰的錯，但卻造成一次白工。

問題不在於語氣不明，而在於：這段話從一開始就沒有釐清參照對象、交付形式與審核方式。

另一個案例如下：

瑋庭是剛轉職不久的資深行銷企劃，這天她和一位跨部門主管討論新品上線計畫。對方快速說明：「這次主軸不要太硬銷，想走比較故事感的敘事策略，品牌感要淡一點，但還是得能引導轉換。先做兩版給我看，一版走內斂感，一版看能不能有點『微電影風格』那種感覺。」

聽完後，她腦中其實立刻浮現三個方向，但她沒有直接點頭，而是問了一句：「如果我這樣理解有誤請你糾正我 —— 你希望文案不是以產品為主角，而是以使用場景來導引情感？品牌色調不會被完全抽離，但不作為強調？轉換則靠結尾設計的 CTA ？」

主管停頓了兩秒，然後笑著說：「對對對！妳這樣說我才知道我剛剛講得太快了，根本沒把邏輯講清楚。」

瑋庭不是靠對方講得清楚來完成理解，而是靠主動式的「回述性確認」來對齊彼此認知結構。這不只讓後續製作方向更準，也為兩人之間的溝通建立了深厚的信任。

這就是成熟溝通者的樣子：不是一直在聽，也不是打斷對方提問，而是在對方語言模糊時，願意當那個先確認方向的人。

設計「對話回饋機制」的三個方法

為了確保你說的不是你自己才懂得話，你可以採用以下幾個策略設計出「回饋點」：

1. 邀請複述確認

「我剛剛講這段，你的理解是什麼？你覺得可行的做法是？」

2. 讓對方描述下一步行動

「這樣你會從哪一步開始？你會先看什麼、再寫什麼？」

3. 將關鍵訊息視覺化

會議中可同步打在共編檔、用一頁 PowerPoint 整理交付清單，避免文字靠記憶散落。

語言從來不是傳情工具，而是設計行為的載體。

當你說出一句話，其實等於設計了一種「對方該做什麼」的默契；你用什麼詞彙、句型、結構與語氣，不只影響對方的情緒反應，也影響對方是否有足夠線索轉化為實際行動。

真正強的語言，是說出的話能直接引導他人進入明確的行動框架。

請記住：你講清楚，對方只是「聽過」；你說對方法，對方才會「做到」。

語言的清晰度，從來不應只在你這端確定，而要讓它有辦法在對方那端被理解、行動。

真正有溝通力的人，不是口齒伶俐或語速流暢，而是能設計一段話，讓對方在聽完後——

- 知道該做什麼
- 明白怎麼做
- 能夠放心去做

你說的話有沒有被聽懂，沒辦法由你自己決定，而是要看它是否能順利被轉化成下一段行動。語言是責任的傳遞點。你的每一句話，都是在交出一個「可以被他人接續的任務線索」。

當你開始這樣看待語言，說話就不再只是傳達，而會變成真正讓人動起來的起點。

第七章

專案推進，不只是分工

7-1
計畫不是寫來看的，是拿來修的

在專案初期，我們總是充滿幹勁與期待。畫出精美的甘特圖、設下亮眼的 KPI、規劃出步步精細的行動藍圖，彷彿只要照著走，成果自然會如期而至。但是實際執行後，卻經常迎來另一種情境：人員進度各自解讀、資源在協作中出現斷層、原先排定的流程必須頻繁重整，而每次進度檢討時，大家看著原本寫得很清楚的計畫表，卻陷入一種無言的沉默。

計畫之所以無法推動，往往不是因為沒規劃，而是計畫本身缺乏彈性與調整機制。我們以為「寫完」就能推動，但專案真正的難處，不在於起跑時的理想構圖，而是面對變化時能否修正與應對。

身為行銷部主管的怡婷，曾帶領團隊推動一場大型品牌重塑專案。初期，她與主管、創意總監密集開會，規劃出一份看起來完美的半年行動表。從市場調研、品牌定位、視覺重製、媒體曝光到內部培訓，每一階段都有時間標記與負責人。但到了第二個月，原定的設計初稿無法準時交付，文案與社群的語言版本出現認知落差，連內部對品牌口吻的理解也開始偏離 —— 一連串問題讓怡庭意識到，那張行動表雖然設計精良，卻像是一份靜態的參考圖，而非真正在推進的指引地圖。

她後來回顧那段經驗時說：「我們不是沒計畫，而是把計畫當成交代過程的產物，而沒有當成需要持續維護與更新的操作系統。」

這句話，道出許多專案管理者的盲點：初期投入大量心力完成的計畫書，在開始執行後就被束之高閣，而專案的推進，反倒變成靠印象、催促與即時補洞維持下來。

計畫應該是動態系統，不是靜態文書

我們常以為，進度卡住是因為執行不夠力、任務安排不夠緊湊。但實際上，更根本的原因往往不是「做不好」，而是計畫從一開始就假設得太順利。真正造成落差的關鍵，是原先的預期，與現實中的變動完全沒有對接的機制。

更具體來說，「時間預估錯誤」是最常見的偏差來源之一。心理學家丹尼爾．康納曼與阿摩司．特沃斯基（Amos Tversky）曾提出「計畫謬誤」（planning fallacy）這一概念，指出：人類在預測未來完成任務所需的時間時，往往會高估自己的效率、低估可能出現的阻力與變數。即使明知道過去常常拖延，面對新計畫時，還是會產生「這次應該可以準時」的錯覺。

這就是為什麼，許多計畫表看起來合邏輯，實際執行卻處處卡關。當初寫下去的時間區段，是理想條件下的線性思考，而現實永遠是非線性且不斷中斷的。

但我們對此往往缺乏自覺。當進度落後，第一個反應常是加快節奏、壓縮時程，甚至對自己或團隊產生過度苛責，而不是回頭檢查：這份計畫書裡，是否根本沒有預留可以修正、重新預估與調整的節點？

一份好的計畫，是能不能在現實變動中自我修復、重新定位方向。預估錯誤不可避免，但錯在只做一次預估，卻不打算更新它。

時間表走得順不順，關鍵在於是否有預留彈性、是否能應變現場條件的波動。真正有效的計畫，會具備三個關鍵特性：

(1) 可調整性：進度可因現場情況快速調整，並即時同步更新；
(2) 可見性：團隊成員能看見自己與他人的進度關聯，不需一再確認；

(3) 可對齊性：即使變動，也能對齊初衷與成果目標，而不偏離主軸。

計畫如果只是作為報告提交、任務交代的工具，很快就會在變動環境中被拋離。它需要被視為「節奏操作的載體」，必須持續被使用、對焦、修改，才能真正成為推進的支架。

真正推得動的專案，會設下「滾動調整點」

一份好的專案計畫，不該只是啟動時寫一次，然後就靜置不動。真正有彈性的計畫，應該內建「多久重新確認一次現在的下一步」的節奏設計。

這樣的設計，在專案管理中被稱為滾動式規劃 (rolling planning)，也可以理解為一種調整節點設計。它的重點並不是把所有細節一開始就規劃完，而是建立一種節奏：讓計畫在執行過程中，能不斷對齊現實情況與原始意圖，確保方向仍在軌道上。

具體做法可以很簡單。你不需要每天重寫計畫書，而是確保有規律的中繼對話、反饋點與任務修訂空間。例如：每週一次的進度同步會議、每月一次的策略檢查、每個關鍵節點後的行動再確認。這些節奏點可以讓整個團隊共同釐清：「我們現在看到的資訊是否和上週不同？」、「哪些環節出現了認知偏差或執行瓶頸？」、「是否需要對原本的優先序重新排序？」

科技顧問公司 A 社在執行一個大型跨部門專案時，就設計了一個「每兩週一次進度再同步」的節奏。每次會議後，他們會根據會議討論對原始計畫做簡單標記：綠色代表照原定計畫進行，黃色表示需調整細節，紅色則是暫停執行、重新評估。原本靜態的專案表格，也因此成為一個有節奏、有互動、有呼吸的決策工具。

計畫的品質，取決於整個團隊能否透過清楚的節奏點，不斷同步、調整與前進。所謂穩定推進，是靠你們能不能在每一個週期裡，重新定義什麼才是「此刻最重要的下一步」。

有些團隊雖然也寫了詳細計畫，卻過度仰賴原本的排程，缺乏彈性調整。以一家零售企業的年度整合行銷專案為例，行銷總監花了兩週，擬定橫跨 10 個部門的季度計畫。排程細緻到每週進度、預算分配與媒體稿期，但計畫一送出就不再調整。

專案推進至第三週時，外部媒體合作窗口更動，造成稿件排程全數延遲。設計團隊被迫熬夜補稿，客服部臨時背上尚未準備的行銷語言，壓力如雪崩灌下來。而管理者卻仍堅持照表行事，導致一連串協作延誤、人員倦怠，最終效果與原先預期相差甚遠。

從這個案例可以看到，計畫若被當成「不能碰的劇本」，將成為壓力的來源，而不是支持的工具。

練習工具：打造你的「滾動式調整機制」

回到開頭提到的怡庭，她在專案中期做了關鍵修正。她設計出一個週期性機制，稱為「中繼對焦框」，每週固定帶領團隊重新審視當週任務現況，三個問題成為標準流程：

(1) 目前進度的真實狀態是什麼？

(2) 有哪些問題或延遲是當初沒預期到的？

(3) 是否需要調整後續排程或資源配置？

這三個問題讓團隊學會在執行中調整，而非等問題發生才搶救。幾週後，專案重新回到節奏中，推進不再依賴主管時時盯場，也讓各部門的認知一致性大幅提升。

如果你手上也正推動一個專案，不妨試著套用以下這個「計畫可調性檢視表」：

檢核項目	說明	評估狀態（是／否）
是否設有週期性中繼節點？	每週或每階段是否有安排固定檢視時間？	
任務進度是否可見？	團隊成員是否能快速查詢彼此進度？	
是否有延遲問題通報機制？	若進度延誤，有無快速更新與調整機制？	
計畫是否設有模糊任務的澄清流程？	不清楚的任務是否能快速取得對焦？	
原始計畫能否隨條件調整？	時程、順序、資源能否視實際情況彈性變更？	

這張表旨在幫助你思考：你的計畫，是推得動的嗎？還是靜靜躺在雲端硬碟中、每週只是打開來確認「上面寫什麼」？

讓計畫成為你的節奏工具

真正能推進的計畫，會在每一段流程中幫助你重新看見「現在最需要推的是什麼」。它不只是寫給上級看的報告，也不只是開會用來核對的頁面，而是一份具有彈性、能隨時修正方向的節奏裝置。

你可以從今天就開始：為你的下一個專案，設下「計畫校正點」。別寫完才放上日曆，而是在寫的時候，就先安排未來什麼時候檢視、怎麼檢視、和誰一起檢視。

這樣的計畫，就能長得出穩定的推力。

7-2 任務拆分才不會「卡在一半」

在專案協作中，最常見的一句話是：「我那邊已經完成囉。」但緊接著的情況往往是，接手的人一臉茫然：「那我現在要接什麼？」表面上，每段任務都有行動、有成果、有進度，但整體卻像一場沒有交棒節奏的接力賽：每個人都在跑，卻沒有人清楚從誰手中接棒，也不確定跑完要交給誰。

我們總以為任務卡住，是因為某個人怠惰、拖延或不配合。但更常見的狀況是——這個任務從一開始，就沒有被設計成「可以被銜接」的形式。上個人交出的成果，不是我這段的啟動點；我完成的內容，也沒有清楚告訴下一位可以怎麼用。

當任務拆解沒有邏輯連接點，參與者就只能憑印象去猜下一步是什麼。即使大家各自完成自己的部分，整體流程仍像一段中斷的運輸鏈——零件到不了組裝區、資訊沒有穿透整條線，造成看似有行動，實則卡死的現場。

某科技新創公司的產品團隊，曾為一個 UI 改版專案列出詳細的任務清單：UI 設計——前端切版——工程串接——

內部測試 —— 上線驗收。每一段任務都標示了時間與負責人，看起來非常清楚。但到了第三週，專案開始延誤。

工程端表示拿到的設計稿有三種版本，無法確定哪一版要實作；設計端則回應因為前端規格不明，所以只交草案測試稿；行銷部已安排預告活動，但測試環境卻尚未開啟。整個專案表現出一種明明大家都在努力，卻彼此踩空、無法銜接的狀態。

問題的核心在於這些任務只是「分段」，而非「設計成能接得上的模組」。要讓任務真正推得動，關鍵不是「切細」，而是「設節奏」。

當任務拆分之後，若每個人都只負責自己的片段，卻沒有人負責「讓這些片段合起來」，那麼進度的失控幾乎是必然的。表面上看起來每個人都有在做事，但沒有人對整體成果的完整度負全責，這樣的狀況在組織心理學中被稱為責任分散（diffusion of responsibility）。

這不是個別怠惰的問題，而是一種集體行為偏誤：當責任界線模糊時，每個人都傾向只完成「自己的部分」，而非主動確認整體是否推得動，結果就是文件補交、資訊錯漏、版本打架，最後不得不延後時程、重做內容，造成更多的疲乏與內耗。

在《關鍵對話》（*Crucial Conversations*）一書中也指出：

當人們發現自己的意見不被明確接住，或感受到團隊中缺乏清楚的責任與角色劃分時，會逐漸轉向保守、被動、自我保護的行為模式。這正是團隊溝通品質下降、專案進入「慢性拖延」前的警訊。

因此，任務拆解不只是「分配誰做什麼」，還要建立清楚的節奏與責任節點。每一段任務都應該讓人知道：我為什麼在這個時間點出手、我該產出什麼、接下來由誰承接。

一項任務要穩定推進，要靠整體節奏有對齊、角色銜接有設計，讓每個人都不只知道「要做什麼」，更知道「我做完後，會怎麼影響全局」。

任務設計要讓下一段「知道怎麼接」

有效的任務節奏，來自任務模組具備三種連接設計：

(1) 行動前置點（Activation Input）：這段任務需要哪些條件才能啟動？

(2) 交付格式（Output Format）：這段結束後會產出什麼？讓接手者知道怎麼銜接？

(3) 預接節奏（Rhythmic Timing）：什麼時候要交？下一段什麼時候啟動？

任務若只是切成單一動作，卻不處理前後節奏與資訊對接，就會像車廂分開上路，永遠無法前進，也到不了目的地。

來看一個節奏化任務設計範例：

任務項目	行動前置點	交付格式	預接節奏
設計註冊頁面 UI	完整流程草圖與文案初稿	Figma 連結＋說明 PDF	週三交付，週四開工程切版會
前端切版	最終版設計稿與元件規範	HTML 模組包	週五進測試環境，週一整合檢討
用戶測試腳本設計	注冊頁面初版測試連結	表單腳本＋測試紀錄表	週一交腳本，週三正式開測

這樣的設計，讓每段任務都是一組節奏模組，有人接得上、也知道何時該接。

協作中最關鍵的不是「每個人做什麼」，而是「誰在等誰、怎麼接得上」。專案負責人真正的職責，不只是分配任務，而是設計任務之間的節奏節點。

這樣的設計包含三個責任：

- 設計任務「起手點」：明確指出每段任務的啟動條件，不讓人用猜的開始；

- 安排「節奏接點」：規劃出中繼同步、成果交付、補位節點的時間分布；
- 預想「資料與資源怎麼移動」：讓任務之間有一致的格式與標準化流程。

例如一場內容共創專案，若只規劃「A 寫文案－ B 排版－ C 上架」，就很容易出現：格式錯誤、缺圖沒提醒、上架版本與原稿不一致等問題。

反之，若任務設計者這樣安排：

- 文案完成需附「注明版本說明＋預備圖片尺寸」，供設計提前製圖；
- 設計交付前，安排一次同步會議釐清重點主視覺的使用場景；
- 上架排程需交「最終內容預覽連結＋校對回覆欄」，便於追蹤是否核對完成。

這樣的設計，讓專案不需要緊盯、也能推進。任務的接力點，自動生成節奏。

來看一個反例 —— 某品牌行銷部門規劃新品活動，拆出以下任務：

主視覺設計、KOL 洽談、活動預熱文、網站頁製作乍看清楚分工，其實潛藏巨大斷裂：

- 沒人知道 KOL 需要的素材來自哪一版視覺；
- 活動預熱文的時間線與網站製作不同步；
- 客戶審核時收到三種版本，但無主責整合。

這種拆法的問題在於，拆出了人，卻沒拆出節奏。每一組都動起來，卻沒有人能負責說:「現在該接誰？用什麼接？交了什麼？」任務如果像孤島，就算每座島上都有建設，整體仍然沒有航線、沒有橋梁、沒有節奏。

節奏對齊的儀式 —— 進度同步

想要讓任務節奏不崩壞，「設計同步點」是關鍵手段。很多人誤解進度同步會只是開會報告，但實際上，同步會真正的功能是「對齊節奏、澄清版本、預知轉折」。

一場好的節奏同步會，不需要開長會，只要聚焦三件事:

(1) 每一段任務目前交付的是哪一個版本？
(2) 下一個人是否已接收到必要資訊、格式、前置成果？
(3) 未來一週內有無高風險轉角（如人力異動、外部因素、依賴任務未交）？

舉例來說，有些專案團隊會設計「週三午間 10 分鐘快閃回報」制度，每個人只說一句：「我這段目前是版本幾、下一段接手者是否就緒？」這樣的節奏儀式，讓所有人都保持在一個「動態對焦」的狀態裡。

還有些團隊會採用「交接五問卡」—— 每次任務交接都附一張簡單表單：

(1) 這是第幾版？
(2) 有什麼內容仍待確認？
(3) 交付格式是什麼？
(4) 哪一天預計完成？
(5) 有無補充備注？

這些動作看似繁瑣，實則是建立一種節奏預期，也讓接手者有心理準備與節奏感。節奏設計不是管理技術，而是一種「讓人願意相信進度會前進」的心理框架。

即便任務設計得再清楚，也可能因某人延遲或臨時狀況中斷節奏。此時，是否有一套補位機制，就成為專案是否能持續的關鍵。

在專案節奏設計中，有一種實務做法被稱為緩衝任務設計 (buffer task design)。意思是：當主要任務 A 因卡關無法推進時，團隊是否預先設計好備用任務 B 可供轉換執行？這類任務不一定是最高優先，但能在等待資源、資料或決策時保持產能不中斷、節奏不鬆散。

這種設計常見於高變動專案中，是避免工作流空轉、強化彈性效率的重要手法。重點不在於多做，而在於為不確定預留隨時能動的空間。

例如：

- 設計稿延遲，前端可預先使用舊版模組建立測試環境；
- 內容未完成，行銷可先進行 KOL 名單比對與預備合作架構；
- 上稿不穩，社群小編可先整理歷史數據進行時段模擬。

這類「半步方案」不是萬能，但能讓節奏不中斷、系統不癱瘓、壓力不一口氣壓在後手。它們是設計節奏時預排的保險裝置，也是高成熟專案常見的節奏穩定器。

工具實作：任務接力圖這樣畫

以下是一張進階版任務設計圖：

任務名稱	接收自誰	啟動條件	交付給誰	交付格式	補位選項
活動文案撰寫	企劃會議	主題確定＋風格表單	設計部	Word 稿＋語氣備注	先交版頭標語備審稿
設計主視覺	文案團隊	內容初稿確定	社群編輯	JPG 圖＋背景圖層	使用草稿圖先排程
社群發文排程	設計團隊	視覺圖交稿＋連結	行銷主管	發文連結＋摘要圖	使用舊資料備用案

這樣的表格，讓每段任務都「有來有去」，彼此不再只是交辦，而是真正的節奏對接。

讓我們用一個簡單的情境對照，來感受節奏設計的真實差別。

A 場景：沒有節奏設計的專案

- 每段任務都被指派，但沒人知道前一段產出什麼
- 會議時才發現進度延誤、版本錯亂
- 接手的人得自己補齊資訊，結果反覆溝通
- 最終交付壓縮時間、品質下降、士氣低落

B 場景：具備節奏同步機制的專案

- 任務設計附有啟動條件、交付格式、節奏節點
- 每週一次短同步會，快速核對交接點與風險轉折
- 有補位任務與交接版本格式可用，過渡期不中斷
- 團隊清楚預期、主動對焦、穩定輸出

兩者的差異，不在於人力多寡、工具先進與否，而是專案系統有沒有被當成「節奏架構」在設計。

任務不是分下去就好

專案推不動，並不等於大家沒做事，更多時候是因為每段任務都做了，但沒有「傳得出去」的節奏。任務卡住不是人的問題，是結構的問題。

所以下一次你在拆解任務時，別只想「這是誰的責任」，而要問：

- 下一段能不能準時啟動？
- 我的交付格式是否清楚明確？
- 如果這段延誤，有誰接得住？

當任務設計成接力節奏，你就不再需要用催進度來推進專案，而是讓節奏自己生出動力，讓每一步，都有人等著、有人接得上、有人準備好前進。

7-3 讓人主動更新進度，而不是催進度

許多團隊在推進專案時，最常遇到的痛點不是沒人做事，而是沒人更新進度。主管不斷問：「請問現在做到哪裡了？」團隊回應常是：「快好了，再一下就好」、「正在處理中」—— 聽起來像有動作，實際上卻毫無資訊。

這樣的現象不是因為團隊不負責任，而是因為我們多數人在「更新進度」這件事上，缺乏設計與節奏感。回報變成一種壓力源，只在被追問、被催促、被要求時才發生，久而久之，每次進度會議都像檢討大會，說得不夠具體會被質疑，說太多又怕被挑錯。

這是結構性的設計失誤。如果一個專案需要靠催才能知道誰做到哪裡，那麼問題就是這個系統沒有讓資訊自然流動的節奏與機制。

在團隊協作中，進度回報看似只是資訊同步的過程，但實際上，它往往會引發某種潛在的不安感。尤其當進度落後、尚未完成，或成果不具體時，個體會擔心自己的表現被視為不夠效率、不夠能力。這種心理現象，在組織心理學中

對應到評價焦慮（evaluation anxiety）與認知曝光壓力（cognitive exposure pressure），也就是 —— 比起說出口，你擔憂地實際上是「說出來之後會被怎麼看」。

這種焦慮會導致兩種常見反應：

- 模糊式回應：用「快好了」、「正在處理中」、「差不多」等模稜語言來降低被具體檢視的壓力。
- 靜默式等待：不主動回報，直到被追問或催促，再一次性補上全部進度。

而讓這種心理防衛持續存在的核心原因，往往不在個人，而在於回報機制本身的不清楚。包括：

- 沒有明確格式：不知道要說哪些內容、要不要附證據，也就很難說得具體。
- 沒有固定頻率：只在不定期被問時才回報，無法形成內建節奏。
- 沒有正面動機：每次回報都像在接受審查，自然會產生防禦或拖延。

這也說明了，想讓團隊回報變得穩定、自然，不能只是高喊「要有責任感」這類口號。真正的解法，是建立一套具體的進度回報設計 —— 讓每個人知道什麼時候該說、該說什麼、怎麼說會有幫助，而不是怎麼說才不會被責備。

如果我們希望讓回報變得自然而穩定，就不能依賴「提高責任感」這種模糊口號，而必須設計一套真正可執行的進度回報節奏系統。

回報機制是一種節奏，不是一句話

有別於「專案進度管理」這種看似理性但常過度工程化的概念，真正能讓團隊持續更新進度的關鍵，是設計一個有節奏、低阻力的資訊流動機制。這個機制的本質是：

- 讓人知道「什麼時候該說」；
- 讓人知道「說什麼才有用」；
- 讓人知道「說出來會有人看見、有人對接」。

舉例來說，有些成熟團隊會設計出「節奏性回報框架」，例如每週固定時段填寫進度卡（如進度快照、未解議題、可預期風險），再搭配 15 分鐘的快閃同步會。這樣的節奏有三個好處：

(1) 時間預期清楚：大家知道何時需要更新，不用臨時反應。

(2) 內容格式一致：進度格式被定義清楚，不用怕說錯或講不清。

(3) 對象感明確：知道是為了讓誰理解、誰接續下一段。

這讓進度不再只是回報給上級看的任務，而是成為整個協作流程中的「節奏節點」—— 每一次更新，都是為了讓下一段能順利對接。

設計「進度自然浮出來」的系統

如果我們將進度更新視為一種「需要被主動提交的行為」，那麼它永遠仰賴人的自律與主管的催促。但若反過來設計成「進度會自然浮出來的系統」，人就只需要依節奏行動，資訊就會自動顯示。

以下是三種常見的「進度可視化 × 自動浮現」設計方式：

1. 進度看板（Progress Kanban）

- 任務切分為「待啟動／進行中／交付中／待確認」等欄位
- 團隊每天看看板，就知道誰正在卡關、誰進展順利
- 視覺化設計降低焦慮，進度變成大家共同關心的節奏，而非個人壓力

2. 節奏性提報欄（Rhythmic Status Field）

- 在共用任務板上每週留下三項更新：完成了什麼、遇到什麼阻力、下週要做什麼
- 主管只需閱讀、點交問題即可，不需逐一催問
- 提升團隊主動性與節奏同步能力

3. 交接快照機制（Handoff Snapshot）

- 每當任務進入交接節點時，自動生成一頁交接快照，包含進度百分比、剩餘問題、附件版本
- 下一段只需讀快照即可對接，不用逐一確認

這些系統的共通點是：進度回報不是靠人記得，而是靠系統節奏設計出來。當資訊有格式、節奏與對象，更新就會變得自然、輕鬆，甚至有成就感。

來看一個真實案例。A 公司是一家創新型軟體團隊，負責內部流程自動化工具的設計。在初期試營運時，每週的進度同步會幾乎都是「項目主持人逐項問大家：現在做到哪裡了？」回應總是模糊：「快好了」、「要測一下」、「等上游回我」—— 結果整體交付一再延誤。

團隊後來導入了兩個改變：

(1) 每週五下午 4 點，全體填寫「進度快照」表單，包括本週完成、未解議題、下週計畫。
(2) 建立「週一早會只看快照，不口頭報告」原則，只針對紅燈項目或交接點開放提問。

這兩項改變之後，原本容易拖延或閃避的回報行為，轉變成一種可預期、低衝突的同步節奏。成員也發現，自己不再害怕更新進度，因為內容有格式、風險被共同承擔、資訊是為了下一步而不是為了交差。

一位工程師後來說：「我不怕說我卡關了，因為大家會幫我，而不是檢討我。」這正是一個節奏穩定、資訊流通的團隊所具備的氛圍。

工具設計：一頁式進度同步模版

以下提供一份「節奏型進度回報卡」範例，可作為你設計團隊更新節奏的起點：

區塊	回報內容說明
本週完成重點	寫出具體產出，建議以「可交付成果」為主
目前遇到的卡點	寫出已知風險、待解決問題，誰可能協助或決定

區塊	回報內容說明
下週預計行動	寫出預期將進行的具體任務、對接人與交付時間
對下一段的請求	若需要資源、確認、回饋，請列出並注明時效

這張表可放在共用雲端表單、Notion 頁面或任務管理系統中，每週固定時段填寫，全團隊即可一次同步資訊、掌握節奏，而無需逐一催問。

推進靠節奏，而非靠催

進度更新之所以難產，並不單純是因為人不夠積極，而是因為回報被當成一件「額外要做的事」，卻未被設計成一種自然節奏。催進度不該是管理者的日常，資訊也不該等到開會時才出現。

請你重新設計你的專案回報機制，從「靠問才知道」轉變為「設計讓它自己浮現」。讓回報變成節奏，進度就能穩定；讓資訊可見，團隊就能協作；讓每一步都有節點承接，專案才能真正往前走。

7-4　節奏管理，讓團隊進度不靠意志力

許多團隊在專案初期總是動能滿滿，開會時每個人都有想法，計畫表更新得勤、任務卡排得滿，看起來勢如破竹。但隨著專案進入中後期，更新速度逐漸放緩，文件不再即時上傳、任務狀態久未變動、會議上開始出現「再追一下」、「還在等」的語句，整體節奏彷彿陷入遲滯。

這並不罕見。讓團隊「動起來」並不困難，但是讓團隊「持續動下去」卻沒有那麼容易。初期的推進通常仰賴個人責任感與短期熱情，但在節奏拉長、變數增多、動能下滑的時期，若沒有穩定系統支撐，就會陷入「靠人記住要做什麼」的失控狀態。

我們都知道，專案不能靠加班撐到最後一刻，但我們卻常常讓進度靠最後一週拚死趕完；我們不想當那個一直催別人的人，但又只能不斷提醒才看見進展。這些現象的背後，其實都在說明同一件事：進度之所以推不穩，是因為它太靠意志力了。

心理學家羅伊．鮑邁斯特曾提出「自我耗竭效應」（ego

depletion）的理論，指出：當人長時間處於需要自我控制或高度自律的狀態下，維持紀律與意圖的能力會逐步下降。換句話說，若一個人或團隊只能靠責任感與意識提醒來維持節奏，這種動力在面對現實中的雜訊與壓力時，很容易被迅速耗盡。

這也是為什麼在實務上，即使是經驗豐富的團隊，若缺乏基本節奏機制，進度仍可能失控。而這種失控，往往出現在以下三個常見情況中：

- 缺乏進度提示節點：任務沒有設計預設檢核點，導致每段工作的開始與結束都只能靠人記住，沒有人提醒、也沒有人協調。
- 資訊只靠記憶管理：誰負責哪件事、何時該交付、出現錯誤時由誰處理，全都沒有紀錄與提示，只能靠腦袋硬撐。
- 缺乏中斷預備機制：一旦有人請假或延遲，整條任務鏈就跟著卡住，沒有可補位的人，也沒有退場策略。

這些問題若一再重複，就會像讓車輪陷入泥濘 —— 你以為踩油門就能前進，但實際上只是讓輪胎越陷越深。

真正穩定的專案節奏，不是靠意志力撐住，而是靠結構性提示、資訊透明與行動容錯設計，讓每個人不需要靠「記住該動」，而是自然而然地「到了該動的時候」。

穩定的推進來自「節奏設計」

讓專案穩定前進，施加更多壓力、設定更緊迫的目標並沒有實質效用；反之，設計出一套「讓團隊在不用被提醒的情況下，自然能向前走的節奏系統」才能真正達到目的。

這個系統不應靠管理者個人的緊盯，也不該只靠專案工具本身。它的本質是三件事：

(1) 節奏能被感知：每週、每日的行動節奏能被所有人辨認，例如週二交稿、週四回饋、週五結單。
(2) 節點可被預判：下一次的成果對焦、交付時點、會議節點皆有清楚預告。
(3) 節奏能夠自己運行：即使某個人缺席，系統也能照節奏推進，而非全面停擺。

這樣的設計就像一個有自動發條的機械表，不需要每天手動調整，但會定時運行與提醒，讓行動持續發生。

C 公司是一間橫跨三個時區運作的國際設計顧問團隊。起初，他們仰賴 Slack 與 Google 文件進行每日協作，但由於沒有清楚的交付節點與週期同步，每週都在混亂中前進。常見的情況包括：有人在晚上上傳了版本，隔天早上另一時區已經開始實作；結果用的是舊版，導致返工。

團隊負責人並不是沒盯，只是每天要花兩小時確認所有人產出、文件版本與進度差異，不但累，還經常出錯。

後來他們做了三個改變：

(1) 設立「週節奏時間表」：每週一提交初稿、三同步、五修正，成為所有任務設計的節點模板；
(2) 建立「角色接力儀表板」：每位成員在專案中標記「我接誰的任務、誰接我的版本」，彼此之間有清楚的交接視角；
(3) 採取「每日安靜回報」制度：所有人每天只需在共用表單中填寫完成項、遇到問題、下段預計，無須額外開會或私訊。

三個月後，他們的進度週期穩定在誤差兩日以內，版本錯誤率降至不到 3%，成員甚至開始在交付前主動提醒下一段的資訊需求。

其中一位成員說得非常中肯：「不是我突然變積極了，而是這個系統幫我把事情放對時間點。」

這就是節奏設計的真義：不是讓人改變性格，而是讓環境幫助人完成事情。

工具整合：打造不靠意志力的節奏循環

如果你也想讓團隊的推進節奏穩定下來，可以從以下三個系統設計起步：

節奏機制	設計原則	實作方式或工具
任務週期設定	每週固定任務產出、同步、檢核點	ex. 每週三交成果、每週五複盤會
結點預告機制	所有節點皆設「開始／結束／對焦」時間	ex. 任務標記「預啟動日」、「交付日」、「回饋日」
自動提醒觸發	系統自動提示該做什麼，不靠記憶或人為推進	ex. Google 日曆、Trello 定時提醒、Slack bot

這些機制一開始可能會被認為「太制式」、「會不會太麻煩」，但其實是幫團隊建立一種低耗能的前進方式，久了反而減少大量的溝通成本與心理負擔。

重點不在於機制有多複雜，而在於：只要不靠人提醒，事情也能動起來。

團隊節奏成熟度的四個層級

從實務觀察中，我們可以將團隊的節奏感區分為以下四個層級：

(1) 臨時啟動型：只有被提醒才動作，推進靠催與會議驅動。
(2) 任務驅動型：每人知道自己該做什麼，但彼此無法同步節奏。
(3) 週期節奏型：有固定週期與同步點，能自動對齊進度與資訊。
(4) 預判協作型：節奏可預期，成員會主動調整步伐與提醒他人補位。

要讓團隊升級，就要從節奏設計出發，逐步建立從「靠記憶」走向「靠系統」，從「靠自律」走向「靠預排」的成熟度。

一個真正成熟的團隊，不只是把事情完成，而是知道「什麼時候該做什麼」、「做完之後誰會接上」、「若延誤會怎麼處理」。這種習慣是節奏感逐漸成為文化的一部分。

節奏文化的好處是，它給人預期、給人空間，也給人安全。你可以暫時延後一天，但不會覺得失控，因為你知道節奏會自動幫你拉回正軌；你不用證明自己有多積極，只要出現在對的時間點、交付對的東西，就會被接住。

當團隊運作建立在節奏而非意志之上，就像一條有標線、有速度、有燈號的道路，所有人都知道怎麼同行，而不是互相碰撞。

讓系統推進人，而非讓人推進專案

如果一個專案的進度只能靠「記得要做」、「有人催促」、「臨時補強」才能完成，那這個進度一定會有一日崩盤，因為沒有人能靠意志力維持節奏太久。

真正的穩定，不是靠人推動系統，而是讓系統推動人。從現在開始，不妨問問你自己：

- 這個專案下週有節奏點嗎？
- 團隊知道何時該開始、何時該交付、何時該對焦嗎？
- 如果有人延遲，有沒有補位節點或可轉換任務？

當你為專案設計出這樣的節奏邏輯，進度不再需要監督，也不需要燃燒大家的責任感。這樣的團隊，不會輸給混亂、也不會依賴「意志強者」才能前進。

節奏感，是團隊持續動力的底層邏輯。

第八章

讓習慣成為自動駕駛

8-1 想要持續，就不能靠意志力

你一定有過這樣的經驗：計畫早上七點起床運動，前一天信心滿滿，鬧鐘也設定好了，但是早上響起時，你在腦中只花了兩秒就決定按掉繼續睡；或是下班後決定要開始寫報告、整理資料，但滑手機滑著滑著，就已經十點半——明天再說吧。

我們常把這樣的情況歸因為「自己不夠自律」、「意志力太弱」、「太懶散」，甚至對自己產生無力感與罪惡感。很多自我管理書也強調要「堅持」、「自我要求」、「逼自己養成習慣」。但真相是，想要長期穩定地持續做一件事，如果只能靠意志力撐，那幾乎注定撐不久。

在現實中，我們並非不努力，而是太依賴努力。尤其當一項行為需要額外思考、突破心理阻力、或改變慣性時，如果沒有被結構性地支撐起來，再大的熱情都可能在一週內消耗殆盡。

習慣並不是靠意志力疊上去的，它是被設計出來的。

心理學家羅伊·鮑邁斯特提出的自我耗竭理論指出，人類的自我控制能力並非無限，而是會隨著每一次決策與壓力應對逐步消耗。這也說明了，當你已經花了大半天處理高強度任務或人際溝通後，到了晚上要推動自己運動、進修、或進行需要專注的工作，其實會變得格外困難。

雖然後續有研究對這項理論的機制與適用範圍提出修正，但有一點共識越來越明確：凡是需要「下決定」才能啟動的行為，其穩定性普遍較低。

舉例來說，像是「現在要不要健身？」、「要先做哪一件任務？」、「該不該現在回訊息？」這類微小選擇，看似無害，但當它們散落在一天的節奏中、持續累積時，就會帶來不明顯但真實的心理耗損。你很想要開始，但是當身體與大腦都已過載時，每個選擇都變得更難下決定。

要讓行動變得穩定，重點在於能否減少「是否要做」這一步選擇的出現頻率。當一個行為被設計成自然啟動、不需權衡、不靠當下判斷，它才有可能真正內建進生活裡。

你缺的是「不必靠動力的機制」

大多數人行動失敗，往往不是因為沒有目標，而是從一開始就沒有設計一套可持續的行動系統。他們誤以為：只要夠有決心，就能每天堅持；只要夠想要，就能克服懶散。但行為科學早已指出，真正讓人持續行動的，從來就不是高昂的動機，而是低摩擦的流程與自然啟動的環境。

行為科學家 B · J · 佛格 (B.J. Fogg) 在其「行為模型」(Fogg Behavior Model) 中提出，一個行為能否發生，取決於三個條件是否同時成立：動機、能力與觸發點。只要其中任一不足 —— 不夠想做、做起來太難、或是沒有被提醒 —— 行為就難以啟動。

簡單來說，與其不斷試圖提升自己的動機，不如改問自己：怎麼讓這件事「變得容易開始」？

試著回想：你是否常在內心拉扯 —— 「我現在應該去運動嗎？」、「該從哪件事先做？」、「要不要現在回那封訊息？」這些看似微小的選擇，每一次都是一次消耗。當這種選擇題散布在一天之中、沒有系統預設地出現，你就會發現：你太常被迫重新選擇要不要行動。

所以，真正有效的設計，是讓一個行為在每天的節奏中「自動浮現」，不需要額外說服自己，也不需要每次都重新掙扎。你並非需要提醒自己「該開始了」，而是需要一個讓你覺得「不開始反而怪怪的」系統。

珊珊是一位品牌策略顧問，長期工作繁忙，對自己的要求很高。她知道自己需要開始運動，也試過報名健身房、訂做菜單、使用運動 APP，但每次堅持不過兩週，總是在「太累了」、「今天再休息一下」中放棄。

後來，她決定不再「努力堅持」，而是設計「不需要努力也能開始」的生活系統。

她做了三件事：

- 她直接把運動變成下班的第一站 —— 週一、三、五只要一離開辦公室，就立刻走向健身房，不回家、不繞路，連運動服都提早在公司就換好；
- 把運動內容縮到最小單位：只做 10 分鐘固定動作，沒有時間也做一組深蹲就算成功；
- 把運動回報寫在和朋友共用的 Notion 頁面上，每週互相看到彼此進度。

這些改變之後，她持續運動了半年，甚至開始主動拉朋友一起報名瑜伽課。

「我不是變得更有決心，而是我不再需要決心。」她說。

養成習慣從「不需要選擇」、「摩擦很小」、「有回饋感」這三件事開始。

習慣，是「低選擇、高一致」的自動化節奏

如果你仔細觀察日常中那些「持續在做」的行動——每天刷牙、倒垃圾、出門時穿鞋、吃午餐時自動打開 YouTube，你會發現，它們都有幾個共同點：

(1) 不需要說服自己：你不用掙扎或下決定，就自然會去做；
(2) 有明確觸發點：像「吃完飯」這樣的時刻或情境，自動引發下一個動作；
(3) 動作規模小、熟悉、重複：你沒有在創造新花樣，而是在每天照做；

這些行為讓我們理解一個習慣的本質：它不是持續努力的結果，而是早已不需要努力的結果。

所以，若你想培養一個新的習慣，真正要問的是：「我怎麼讓它變成不需要堅持？」

這需要從三件事下手：

(1) 預設觸發點：讓行動跟著固定時間或情境出現；
(2) 降低行動門檻：讓「開始」變得不需要心理成本；
(3) 建立自然回饋：讓行為本身帶來可見小成果，強化繼續的動力。

小改變從習慣開口設計起

與其一開始就設定「每天運動 30 分鐘」、「每週讀完兩本書」、「早上六點準時起床」這類高門檻目標，你可以換個角度問自己：

我每天的哪個時間點，可以放入一個「不需要思考的小動作」？

行為設計中，這種做法被稱為習慣疊加（habit stacking），或在行為模型中對應到所謂的觸發點（prompt）——也就是：透過既有行為或情境，作為新行為的啟動訊號。

你可以想像，這樣的觸發點就像一個「習慣開口」：它是你生活中原本就會發生的穩定節點，而你只需要在這個開口處，插入一個足夠簡單、幾乎不需要說服自己的行動。例如：

- 刷牙後做 5 次深蹲：不用去健身房，也不用安排時間，就在原地完成。
- 打開電腦後寫一行代辦清單：不寫 10 件，只寫一件你今天非做不可的。
- 進門後把鑰匙放定點＋順手放出隔天衣物：減少隔日早上混亂，建立早起節奏。

這些小動作的共同點是：

- 跟著現有流程發生，不需要新設計時間；
- 只做最小可執行單位，行為門檻極低；
- 可見成效，容易帶來微小成就感。

當這些微小行動穩定下來後，你會發現自己不再靠決心推動，而是由生活節奏自然啟動。

有位行銷企劃阿原曾分享他的習慣轉變經驗。他原本是標準夜型人，每晚十點才開始回信，報告一拖再拖，生活節奏極不穩定，總覺得自己缺乏紀律。後來在朋友的鼓勵下，他開始嘗試一個超小習慣：每天早上起床時，不急著滑手機，而是先在白板上寫下當天要完成的一件事——就一件，不超過十個字。

這個小動作一開始只是為了提醒自己不要一醒來就散掉注意力，但他意外發現，當這個行為穩定下來後，他每天早上起床的節奏變得不同。他開始會提早出門，路上思考那一件要做的事；到了辦公室，先處理那件事再碰信件；晚上的加班次數變少了，睡前焦慮也降低了。

「我從來沒想過，一天的改變，不是從早起，而是從早上那三十秒的白板開始。」他這樣說。

這個故事讓我們看見，習慣的威力在於你能不能幫自己

「切換進入狀態」。你不需要強迫自己變得有自律，而是設計出一個讓你自動進入節奏的切口。只要那個開口穩定存在，行動就會開始連結，生活的節奏也會開始調整。

你需要一個幫你「自動開始」的系統

多數人失敗，是因為一開始就設定錯誤的假設 —— 以為要靠意志力完成。但事實是，意志力太貴、太不穩、也太容易耗盡。

真正能讓行為持續的力量，是來自結構的支持，而非情緒的驅動。你不需要讓自己每天都做選擇，但要先設計出「不做反而奇怪」的節奏。

從今天開始，請試著問自己三個問題：

- 有沒有一個日常節點，我可以放入一個只要 30 秒的小動作？
- 有沒有一個我可以不用決定、只要照做的「開始條件」？
- 有沒有一種方式，讓這件事做了之後，我感受到一點點的成就？

從這裡開始，習慣就不是一場內心戰爭，而是一種可以安靜運轉的日常機制。

你以為自己不夠堅持、不夠自律、太容易放棄，其實是過去的方式讓你過度倚賴了「撐」的能力。習慣真正帶來的，不只是行為穩定，也是一種對自己的重新信任感——你會開始相信，自己是可以穩定做事的人，只要方式對、節奏對、設計對。

不要再把成功的關鍵綁在「逼自己做到」，從今天開始，把它放在「設計出讓自己會開始做的方式」，這才是持續的起點。

8-2 微小行動怎麼變成每天的標準流程

很多人一談到養成習慣，就會問：「我要怎麼堅持每天做……？」這個問題背後，其實藏著一個錯誤假設：你需要持續靠意志力，才能讓事情每天發生。

但如我們在上一節所說，真正讓行動持續的關鍵，不是決心、不是紀律，而是「它是不是足夠小、足夠簡單、足夠自然，能夠每天自動浮出來」。

而這，正是「微小行動」(micro action) 真正的價值所在。

它不是把行動「縮小」，而是把啟動門檻降到最低——低到你無需動機醞釀、也無需心理動員，就能立刻開始。不是一週寫完五篇文章，而是電腦打開的當下，先寫一句筆記；不是每天運動一小時，而是在刷牙的時候做五下深蹲。

目標從來不是「一次就做完美」，而是「現在就能開始」。

B · J · 佛格指出，真正能帶來持續改變的，不是強大的意志力，而是足夠小、足夠容易的起點。一旦這個行動變得簡單、清晰、無需掙扎，它就更容易在日常生活中穩定出現。

我們總以為要從設定目標開始，但實際上，真正走得長遠的行為，都是從能夠每天打開的小動作開始的。我們也常誤以為：做越多越好、越有效率越值得，但高期望卻反而常常造成高阻力。

舉例來說，當你設定每天寫一千字時，只要那天情緒不好、時間稍微被打亂，就會產生「今天乾脆不寫了」的心理防衛機制。因為你知道一千字很難，沒辦法一下子達成。

但如果你只要求自己「先寫一句」，那麼進入狀態的心理壓力會大幅下降。你會驚訝地發現，當你開始了，就會自然想多寫一點。不是因為你更有動機了，而是因為你已經進入了那個「我正在做」的心理節奏。

這也是「微習慣」理論（Mini Habits）的作者斯蒂芬・吉斯（Stephen Guise）所強調的：「微小行為是啟動效應的起點，不是結果的終點。」

換句話說，比起執行小目標，你更是在為大行動解除啟動阻力。

習慣堆疊與觸發點設計：讓行為自然「浮出來」

要讓一個微小行動真正進入日常，不是只靠意志力重複，而是設計好它會在什麼時候出現、接在哪裡、如何開始得順利。這就是「習慣堆疊」(habit stacking)的設計價值：不是把行為塞進生活，而是讓它像搭積木一樣，自然延伸在你本來就在做的事後面。

B · J · 佛格在《*Tiny Habits*》中指出，真正能轉化成習慣的行為，幾乎都是「接上去」的 —— 不是獨立創造出來的。你只需要找到原本已存在的生活節點，接上一個不需猶豫的小動作。

例如：

- 咖啡喝完時，順手記下三件今天想感謝的事，讓情緒進入正向框架；
- 鎖門後，打開手機代辦清單，為進入工作模式鋪路；
- 每週日晚餐結束後，先想好下週的三種早餐選項，替健康預作結構化安排。

這些動作不大，卻有三個共通特徵：時機穩定、行為簡單、完成後有立即感受。你是在熟悉的節奏中插入一個剛剛好能被銜接的行動。這樣的動作一旦每天都能出現、每天都能被完成、每天都能帶來心理上的「我做到了」，它就不會再是提醒與壓力，而會變成一種節奏感記憶。

習慣從不是靠練習，而是靠設計。設計得好，行為自然發生；設計不到位，再大的動機也會消散在空檔裡。

育甄是一位初階主管，長期覺得自己寫作表達不夠好，常常在簡報上花很多時間打磨用詞，卻覺得產出力很低。她設定過許多寫作目標 —— 一週寫一篇筆記、每天記一個觀察，但總是三天熱度，然後就再也打不開檔案。

直到有一天，她參加了一場工作坊，講師只給了一個挑戰：「每天花三分鐘，在便條紙上寫下『今天我最想記得的對話』。」

這個挑戰看似簡單，但她開始持續做下去，發現不知不覺地，這三分鐘的筆記內容越來越有邏輯，越來越能幫她抓住溝通重點。過了幾週，她乾脆把便條紙換成筆記本；再幾週，她每天晚上的三分鐘變成了 20 分鐘的寫作。

幾個月後，她每週都能完成一篇 1,000 字的內部觀察報告，不再覺得自己是「不會寫」的人。

她說：「我從來不是為了寫好才開始，我是為了不讓自己失去記得生活的能力，才開始。」

這不是意志力的問題，而是行為設計的問題。她沒有改變自己的身分，只是重新設計了每天的進入點。

育甄筆記的改變不只影響了她自己。幾週後，因為筆記內容常整理出會議裡被忽略的小細節，幾位同事開始主動來問她能否分享每日觀察。她一開始只是用手機拍下便條紙，傳給一位夥伴，後來乾脆建立了部門共享的 Notion 頁面，命名為「今日一句」，每天自動更新。

這個做法引來了意想不到的連鎖反應。原本部門會議總是難以快速聚焦，但開始有三、四位同事每天也各寫一句「我今天學到的話術」、「我今天發現的問題回應方式」，逐漸變成全組輪流當「紀錄首發人」。育甄沒想到，自己只是想建立寫作節奏，卻無意中為團隊帶來了一個不靠制度的知識回報節奏。

她說：「我從來都不是主管，但這是我第一次覺得，我的習慣有機會改變別人的習慣。」

這不只僅僅是寫筆記，而是將「一小段可重複動作」變成了工作日常的一部分。更重要的是，它並非靠要求建立的流程，而是靠情境中的啟動點與回饋感所自然擴散的節奏。

習慣成為標準流程的三個階段

要讓一個微小行動變成每天的標準流程，不是只靠做久了自然變習慣，而是要讓它經歷三個明確的設計階段：

(1) 可啟動的微行動（Micro Activation）：從容易執行、明確可啟動的小動作開始，降低開始的心理門檻。

(2) 模組化的重複結構（Modular Routine）：將該行動固定在一個時段或情境中，穩定反覆出現，並逐漸發展出自己的一套小流程。

(3) 個人化的標準作業（Personal SOP）：當這段流程可以自動發生、不用決策干預，甚至可以教給別人複製時，就正式內建為你生活的「個人作業系統」。

舉例來說，從「每天早上寫一句計畫」→「每天早上寫三件要做的事＋昨日回顧」→「每週五做一次統整與反思筆記」，就是從微小行動、變成模組節奏、再進階為週期性標準流程的過程。

關鍵不在於寫了多少，而在於這個流程是否具備：可複製、可預期、可延伸三個特性。只要做得到這三點，它就不是習慣，而是你生活裡的一種作業邏輯。

把小流程，變成「個人作業系統」的一部分

當你持續做一個微小行為，並成功在生活中找到它的節奏與位置，它就會從「一件事」變成「一種流程」。

比如說——

(1) 你不是偶爾整理桌面，而是每天下班前都自動歸位文件；
(2) 你不是想到才補水，而是在每天出門前就裝好水壺；
(3) 你不是每週靠靈感寫社群貼文，而是每週三午休有固定一小時打草稿。

這些行動成為了你生活作業系統的一部分。就像程式每天會自動執行特定指令，你每天的生活也有內建的運作腳本，而微小行動就是那一行一行腳本的起點。

建立這種作業系統，不需要一次大改，只需要三件事：

(1) 找出你每天必定發生的時刻（如：刷牙、打卡、吃午餐）
(2) 在那個時刻接上一個極小的行為（如：寫一行、深呼吸、檢查待辦）
(3) 確認它能被完成，並在三天內至少成功一次

從這裡開始，你便是在重新設計一條可複製的「個人節奏線」。

在某間設計工作室，有位資深設計師每週一早上都會在 Slack 頻道中寫下一句：「本週我想挑戰的是……」接著附上一句自我提醒，比如：「這週不加班，但要準時交版本」。起初，大家以為這只是他的自我管理方式，並未多加留意。

但是幾週後，開始有新人也跟著這樣做；再幾週後，有 PM 在專案開場時加上：「大家要不要寫一句本週挑戰？」最後乾脆設了一個叫做「W1 開場白」的頻道，週一早上九點成了這間公司默默形成的「節奏開機時刻」。

沒有人發過規定，也沒有人負責催更新，但這樣的行為卻慢慢內建成文化的一部分。

這樣的現象說明一件事：一個穩定、正向、容易啟動的小行動，如果夠輕、夠有回饋感，也夠被看見，就會開始影響他人。習慣不是只有自己受用，它也可能是一種溫和但強韌的文化引擎。

讓小事，變成推動大局的槓桿

「小事」之所以重要，關鍵在於它決定了你會不會開始。當你建立起足夠多的啟動點，這些啟動點會開始形成一張網，把你的一天自動串接起來。

真正高產、穩定、有節奏的人，是靠許多可預測、能啟動、會發生的小節點，累積出一整套「不需要掙扎」的日常流程的。

請你從今天起，不要再設「我要每天寫 1,000 字」這種目標，而是設計一個「我每天坐下後會先寫一句話」的流程。這一小句，才是整場行動的引爆點。

別小看一個小動作，它可能就是你未來推動整個人生節奏的開場白。

8-3
消除阻力，比提升動力更重要

有時候，我們不是不想做事，而是動不了。不是因為目標不吸引人，也不是因為不夠努力，而是你坐在那裡，感覺就像有一股無形的力量，把你黏在椅子上。

你明知道該起身去健身、該打開簡報檔開始整理、該回覆那封已經躺在信箱三天的訊息，但身體就是不動，心裡也空空的。你甚至開始責備自己：「為什麼又拖延了？我是不是太廢？是不是根本不夠有熱情？」

這種時刻，不只是挫折，更是消耗。它讓你開始懷疑自己是不是沒有動力、沒有毅力，但事實上，你遇到的是阻力未被拆解的困境。

在我們開始指責自己之前，不妨先靜下來聽聽，內心的語句其實早就暗示了阻力的存在：

- 「我不是不想整理，是想到等一下可能找不到資料，就懶得開始了」
- 「我不是不想回訊息，是想到可能要重新說明很多事情，就覺得很煩」

◆ 「我不是不想運動，但現在換衣服、出門、排隊都好麻煩」

這些話是我們在迴避某種我們還無力處理的「卡點」。而當這些卡點沒有被正視，就會被誤以為是「懶散」或「缺乏意志」，從而進一步削弱對自我的信任。

行為阻力的三種型態：情緒 × 情境 × 結構

所謂「阻力」，不是單一的意志問題，而是一組你可能沒有意識到的干擾因子。從行為科學與組織心理學的角度來看，阻力通常會出現在以下三個面向：

(1) 情緒型阻力：來自於心理防衛，例如：「我怕寫出來不夠好」、「我不想面對那個問題」、「我沒準備好」。

(2) 情境型阻力：與當下環境或身體狀態有關，例如：空間混亂、體力不足、周遭干擾多、坐下來找不到筆或文件。

(3) 結構型阻力：來自任務本身的設計不良，例如：目標模糊、下一步不明確、沒有可啟動點、流程缺少引導。

為了更清楚看見這些阻力如何發生，我們可以對照日常中常見的三種情境：

- 情緒型阻力：小薇打開履歷檔五次，每次都在修改一句自我介紹時卡住，因為她腦中不斷冒出：「這樣寫會不會太自大？」、「我其實也沒什麼好寫的吧？」她被自我懷疑凍結住了。
- 情境型阻力：阿聰每次說要好好讀書，但書桌總是堆滿文件、耳機又找不到，他坐下來要讀書前，得先整理半小時，光想到這個過程，就決定先休息一下。
- 結構型阻力：盈潔打算做簡報，但她打開檔案後發現標題還沒定、素材資料分在三個資料夾，根本不知道從哪裡開始。這個任務根本沒有讓她知道第一步是什麼。

阻力之所以難解，是因為它往往不是「不做」，而是「不知道怎麼做下去」。

動力再強，也會被摩擦磨光

行為經濟學中有一個被廣泛應用的概念，叫做「摩擦成本」(friction cost)：任何看似微不足道的阻力，只要插在行為流程中，就足以讓人選擇放棄。

比方說，一份線上表單如果需要填寫三頁，完成率就會明顯低於一頁完成的版本；手機 App 的退訂程序只要多設計一個步驟，流失率就可能成倍增加。這是因為大多數人都沒有那麼有耐性去處理那一點點額外麻煩。

這個概念提醒我們：阻力，不必大才會造成效果；只要存在，就會降低行動發生的機率。

同樣的狀況也發生在我們每天的自我管理中 —— 你想運動、想閱讀、想學習，但每當你要開始時，發現還要準備器材、還要切換空間、還要查資料、還要決定從哪裡開始，這些小摩擦就會累積成一種潛在訊號：「不如晚一點再做。」

而這個「晚一點」，很容易就變成今天不做、明天再說，久而久之變成了沒有養成的習慣。

你不一定需要更強的動力，而是需要一個行為路徑上「少一點阻力」的版本。與其每天提振自己，不如先問：是哪個細節讓這件事變得難以開始？能不能拆掉那一步？能不能讓這個行為不需額外準備就能啟動？

行為改變從來不是單靠意志力撐出來的，而是從「移除多餘摩擦」開始，讓行動自然流暢地進入生活。

文欣是一位兼職研究助理，工作時間自由，但總抱怨自己無法「進入狀態」。她設定每天寫研究筆記一小時，卻總是花 30 分鐘整理桌面、找資料、想主題，到後來只剩 10 分鐘真正寫作。她開始懷疑自己是不是專注力有問題。

後來她在一次行為設計課上，導師請她記錄「從打算開始到實際開始之間發生了什麼」。她驚訝地發現，每次她之所以沒開始，是因為她根本不知道「第一步要做什麼」。資料夾太多、筆記軟體分散、文獻分類不清，還沒寫，就已經被資訊轟炸。

她後來只做了一件事：設一份「啟動頁面」，每天打開電腦只看三行：

- 我昨天寫到哪裡？
- 今天想寫哪一段？
- 開啟的文件連結是：____________

再之後，她也重新安排書桌動線，讓寫作用物件都集中放在眼前一格抽屜。兩週後，她每天都會自動寫個 15 分鐘，沒有強迫、沒有壓力。

與其努力開始，不如拆掉卡點

以下是常見的阻力拆解工具與設計原則：

- 啟動模板（Start Template）：簡化起手步驟，例如閱讀就開特定書籤頁、寫作從三句問答開始。

- 任務預編碼（Pre-scripted Step）：不是「做報告」，而是「開簡報－定主題－列三個標題」。
- 零摩擦動線（Zero Friction Zone）：把常用物件放進可直接取用的位置，讓空間變成支援者。
- 中斷轉接點（Interruption Bridge）：為每項行動設計「斷了之後如何回來」，例如「只要重讀上次一句話」這樣的回鉤動作。

這些設計不在於讓你做得更好，而是在「你本來就會卡的地方」先放好墊腳石。

健傑是位行銷專案主管，過去最怕的就是準備例行的月會簡報。每次開會前，他總是最後一天熬夜做簡報，因為他總說「我怕報不夠完整，所以都拖到資訊最完整的時候做」。

但後來他意識到真正的阻力不是資訊不完整，而是他每次打開簡報檔都不知道從哪裡開始——因為沒人告訴他該怎麼開頭、哪幾頁是基本版。

於是他和團隊建立了「簡報起始架構」範本，每次開月會簡報都有三頁固定格式：上月亮點數據、本月預計亮點、待支援項目。他再也不需要重新思考要從哪開始、要說什麼內容。

三個月後，不但他的簡報品質變得穩定，連其他部門也主動來參考這份起始架構。他說：「那個阻力不在於我會不會做，而是我永遠要從空白頁開始。」

阻力一旦拆掉，節奏就會自己動起來。真正讓你前進的，是你終於不再被困在起點。

真正可持續的行動，是阻力變少後的自然發生

大多數人以為，要讓自己堅持一件事，關鍵是找到夠大的理由或激發出更強的意志。但實際上，真正讓行為持續的關鍵，是「它夠容易開始」，而不是「你夠有動力」。

請你今天開始，停止問自己「我要如何更有決心？」改問：

- 我每天卡在哪裡？
- 哪一件事的第一步，還太模糊？
- 哪個環節的動線或資訊，還沒對好？

當這些卡點被移除，你會驚訝地發現：原來我不是不會做，只是那條開始的路一直不通。

消除阻力，不是偷懶的捷徑，而是打造可持續行為的唯一起點。只有當那條路變得好走，你才真的能每天走下去。

第九章
解決拖延，不靠意志力

9-1

你在拖的，其實是恐懼

我們總說自己在拖延，然後下一句通常是：「我真的太懶了」、「我就是沒紀律」、「我不知道自己怎麼總是做不到」……這些話背後，是一種熟悉到讓人疲乏的自我否定模式。你看著一堆待辦清單、打不開的簡報檔、填一半的報名表，每隔幾分鐘就切回社群、再切回來，然後告訴自己：「我再等一下，我會做的。」

你其實知道那件事終究得做，甚至想過該怎麼做，但你遲遲沒有動手，不是因為你真的不想做，而是因為某個你說不清楚的情緒正在發作。

拖延，很多時候拖的是那個「一想到要面對這件事就會出現的不舒服感」。

所以比起懶，你其實是在害怕。你是在保護自己不被還沒準備好承受的事情所衝擊到。

拖延的真相：
不是時間問題，是情緒問題

加拿大心理學家提姆·派克爾與英國心理學家富夏·西洛伊斯（Fuschia Sirois）在長年研究拖延行為的合作中，提出一個被廣泛引用的核心觀點：

拖延不是時間管理問題，而是情緒調節問題。

我們之所以不去做某件事，是因為那件事觸發了某種讓我們不想面對的情緒——也許是焦慮、不確定、自我懷疑，或潛在的失敗感。

想像這些情境：

- 你明明只要寫兩頁報告，但光是一想到主管怎麼看，就壓力上升，最後連檔案都沒打開；
- 你想更新作品集，但只要坐下來就忍不住懷疑：「我真的寫得夠好嗎？值得被看見嗎？」然後默默關掉畫面；
- 你原本打算報名一門進修課，但一滑到報名頁就退出，因為心裡閃過：「萬一做不到呢？」

這些例子背後有一個共通點：任務本身其實不難，但它背後綁著太多心理壓力。

派克爾與西洛伊斯指出，這種拖延行為，其實是一種短期的情緒自我保護機制。我們知道該做什麼，但是為了減輕那個「一開始」所引發的不舒服感，而選擇先不開始。

這就是拖延的真正輪廓——不是逃避行動，而是逃避行動背後的不安。當我們把拖延誤解為「我太懶」或「我不夠積極」，就容易陷入自我否定；但當我們看清這其實是一種情緒調節失衡，就有機會透過理解情緒、降低壓力，來重新建立與行動的連結。

為什麼你越在意的事，越容易拖延？

有一種拖延特別讓人沮喪：當一件事越重要、你越想做好，它反而越久沒有被啟動。這不是因為你不在意，而正是因為你太在意了。

這種現象，在心理學上被稱為完美主義型拖延（perfectionistic procrastination）。你並非缺乏目標或懶惰，而是對成果的要求太高，以至於一開始就感受到壓力：「我一定要一次做到好、做到對，否則不如先不要開始。」

心理學家傑佛瑞・楊（Jeffrey Young）在其圖式治療理論中提出一種早期信念模式，稱為「高標準主義陷阱」（Unrelenting Standards Schema)。這類人往往把自我價值與表現結果強烈綁定，心中始終懸著一句話：「我要證明我值得，我不能讓人失望。」

正是這種潛在壓力，讓大腦產生了一種近乎自我保護的判斷邏輯 —— 既然沒有把握馬上做到最好，那就先等等，不要貿然開始。你表面上說想完成，其實內心更真實的聲音是：「我還沒準備好」、「我現在還不夠好」。

這種拖延的本質，不是時間規劃不當，也不是行動力不足，而是一種自我形象防衛。你擔心的從來不是事情做不完，而是事情做得不夠好，然後被看見、被比較、被否定。

要走出這種拖延，關鍵在於放鬆對於「一次就完美」的要求，讓行動有喘息與試錯的空間。別再等待你變得夠完美才開始前進，從現在開始學會在不確定中，先動手、再修正。

請你回想，最近一件你明明知道該做、卻一直沒做的事 —— 它帶給你什麼感覺？是「我沒時間」？還是「我不想面對那種被看穿的感覺」？有些人害怕的是「自己其實不夠好」，有些人怕的是「做了還是沒用」，還有人怕的是「一旦完成，就得面對下一個更難的階段」。

這些感受，都不是懶惰。他們是一種保護，一種想要避免痛苦的反射。

理解這一點很重要。當你能辨識出拖延其實是一種情緒訊號，你就有機會重新選擇怎麼回應它，而不是一再陷入自我責備。

你可能每天在心裡說的話不是「我不想做」，而是：

- 「我腦袋太亂了，現在開始也沒效率」
- 「我做出來一定很差，不如不要丟臉」
- 「我現在心情不好，做了也沒用」
- 「我怕一做就卡住，乾脆先放著」

這些話表面看起來像藉口，其實每一句都是一個未被辨識的情緒訊號。你是在閃躲那個「萬一沒做好會怎麼樣」的假想後果。

如果你願意開始練習察覺，可以問自己：「我剛剛說的這句話，是出於哪一種情緒？」是羞愧？是自我懷疑？是怕被否定？還是只是太疲憊而想獲得一點喘息？

這些自我對話，就是你和拖延對話的起點。

韻如是一位行銷專員，主管一直鼓勵她申請內部升遷，但她拖了三週都沒交報名表。她每天都說自己「太忙了」、「晚上再弄」，但實際上，她常常在回家後滑手機、看劇，然後內心一邊焦慮：「為什麼我連這麼簡單的事都做不到？」

直到有一次私下聊到，她說：「我其實有想升遷，但是我一想到要把自己的經歷寫在申請表上，就覺得壓力好大……好像自己一點都不夠資格，一寫就會被看穿。」

她真正害怕的是「一做就會暴露自己其實沒那麼好」的感覺。她想拖延的不是報名流程，而是面對自己「可能不夠格」的那股自我懷疑。

當她意識到這一點後，改做了一件小事：先請同事幫她列出三個她過去一年完成的專案要點，她只需要照著補寫細節，不用從頭面對空白表格。

這個轉換，讓她不再一個人和自己的焦慮搏鬥，而是開始用結構來對抗恐懼。

「再一下就做」背後，是一個想要晚點承擔風險的你

很多拖延不是拖延當下的工作，而是拖延那份你以為「一做就要承擔」的心理風險。

你用延遲來換喘息，用社群滑動來換分心，用安排其他雜事來讓自己覺得不是沒在做事——這些你的大腦在幫你抵擋過高的情緒負荷。

但正因為這是大腦的「保護性延遲」，它就需要更溫柔的介入方式。別越發用力地催促自己，而是去理解那個抗拒背後的恐懼到底是什麼。

我曾收到一位讀者來信，他說自己花了一年半才敢寄出第一封求職信，期間打開超過 50 次，從來沒有寄出。他不是因為履歷不夠好，而是「一想到對方可能不會回，就覺得自己根本配不上那些公司」。他不想承認自己其實早就活在一種「還不夠好就不配開始」的內心劇本裡。

後來，他做的第一件事不是強迫自己改履歷，而是請朋友幫他唸一遍那份履歷給他聽。他說：「那一刻我才發現，原來我寫得也不差。我只是沒辦法從自己的嘴巴說出來。」

他不是跨越了拖延，而是終於願意讓自己被理解、被幫助。那才是改變真正開始的時候。

從責備到理解，是打開拖延循環的第一步

拖延這件事，最痛苦的不是沒有做，而是做不到還一直覺得是自己的錯。你花了很多時間努力想「變積極」，卻反覆進入失望；你試過排行程、立 flag、打卡習慣 App，卻始終卡在那個起不來的早晨，或打不開的檔案前。

與其問「我為什麼這麼懶？」，不如問：

- 我在逃避是什麼樣的情緒？
- 我沒做的，是哪一種風險感？
- 我需要什麼樣的支持或協助，來面對它？

一個人能開始行動，不是因為他終於夠有意志力，而是因為他終於停止對自己發怒，並開始學著聽懂那個拖延背後真正想說的話。

9-2
降低啟動門檻，讓開始變得容易

有多少次，你知道下一步要做什麼，卻卡在剛要動手的那一刻 —— 電腦螢幕打開，但檔案沒點開；鞋子穿好了，卻站在門口滑手機；代辦清單寫得滿滿，卻在那裡發呆。你心裡知道這些事都要做，也知道什麼時候該動作比較合理，但就是啟動不了。

這種卡住的經驗，比我們以為的普遍得多。行為無法展開，是因為缺乏一個能夠幫助行動啟動的開場條件。

許多人在設計任務時，習慣從「成果」下手，像是完成報告、寫完章節、清空信箱。但真正讓人開始動起來的，是起點設計。如果起點太模糊、太耗力、太跳躍，就算任務本身再有價值，也不容易發生。

改變的第一步，不是問該怎麼做完，而是：怎麼讓我現在就能動手做一小段。

根據 B · J · 佛格提出的行為動力模型，一個行為要成功發生，必須同時具備三個條件：動機（Motivation）、能力（Ability）與觸發點（Prompt）。而其中最常被忽略、卻最關鍵的，正是最後一項：觸發點。

許多人在待辦清單上寫下「寫簡報」，但這其實是一個任務標題，不是一個可以直接開始的動作。真正能啟動你行動的，可能是「打開上次簡報的檔案」或「看倒數第二張頁面」這樣具體明確的小動作——手指可以立刻操作，眼睛有明確落點，大腦知道要做什麼。

我們之所以無法開始，常常是因為：

- 起點不清楚，根本不知道該從哪裡著手；
- 啟動需要切換場景或設備，像是還要開檔、找資料、準備環境；
- 一開始就要長時間投入，缺乏過渡空間與心理緩衝；
- 預期中理想的「投入狀態」，與實際此刻的狀態差太遠，產生落差焦慮。

這些看似小事，會讓大腦下意識做出選擇：「先不要，等一下再說」。久而久之，行動永遠停在「尚未啟動」的門外。

所以，不要再問自己：「我為什麼一直沒開始？」而是換個問題：「我現在這一秒，要從哪個動作開始才不會卡住？」

比起更強大的動力，你更需要一個能夠立刻啟動的動作設計。

啟動失敗的日常型態

來看看一些我們最熟悉的卡住情境：

- 任務已經寫在待辦清單，但你沒有開任何一個檔案。
- 你已經打開電腦，卻先刷了新聞、再滑了社群、接著倒了水，然後一個小時過去了。
- 你說「我等一下就寫」，但那個「等一下」沒有結束點。

這些情境的共通點是：你沒有為這個行動安排一個「可以開始的小開口」。就像一部影片沒有播放鍵、書沒有封面、桌上只有空白紙，你不知道從哪裡切進去，自然也提不起行動的節奏。

啟動設計，就是解決這種「沒有起點」的問題。

芳瑜是一位專案助理，負責每週三整理部門進度簡報。任務不複雜，資料也都能從系統抓到，但她總是拖到週三中午才開始做，常常壓在交稿前最後一刻才匆忙完成。

造成這樣的原因，是因為她每次都要打開三個系統、登入不同帳號、整理版本編號、比對資料表格，再重新命名檔案、歸檔、上傳，整段流程太瑣碎、太斷裂，她一想到要做就頭暈。

「我不是抗拒報告，是抗拒前面那段準備的卡關過程。」她這麼說。

後來她建立了一份「啟動路徑卡」：列出所有操作的流程步驟，把登入連結、資料夾位址、版本格式一次備好，甚至放一張清單貼在桌面第一層。這些準備工作讓她每次一打開電腦，就知道要從哪裡下手，動作速度提升、拖延感也降低。

她不是懶散，而是太習慣讓自己獨自摸索「怎麼開始」，直到流程被具體化，卡住的地方才真正鬆開。

啟動門檻太高時，大腦會自動選擇延遲

很多人以為自己缺乏行動力，是因為懶惰、散漫，或不夠積極。但實際上，真正讓我們卡住的，常常是一種發生在「心裡還沒準備好」的時刻：那個從靜止轉入動態的瞬間，大腦下意識地說了一聲 —— 先不要。

心理學研究指出，當我們從一個任務切換到另一個任務，或者準備啟動某件新事時，大腦會自動進行一種認知評估：

- 這件事要花多少力氣？

◆　現在適合開始嗎？

◆　有沒有哪裡會出錯或搞砸？

如果這些問題的答案是模糊的、負面的、或者充滿不確定，大腦就會選擇最保守的策略：先不要動，先緩一緩。

諾貝爾經濟學獎得主丹尼爾·康納曼曾指出，人類在思考與行動上本能地偏好「最省力的認知選擇」。我們的大腦會盡可能避免進入需要努力思考的模式（他稱之為「系統二」），除非真的非做不可。而當一件事看起來複雜、混亂、啟動條件不清楚，或者很有可能會卡住時，它就會自動被分類進「以後再處理」。

這也說明了為什麼，一些其實不難的任務，卻總是無法開始。其實你做得到，只是你還沒被引導到「可以輕鬆開始」的那個起點上。

與其每天在內心說服自己「要快點開始」，不如重新設計那個開頭。不是逼自己去做，而是讓自己更容易開始做。讓第一步具體一點、可視一點、動手就能完成一小段，那個瞬間，就會從「先不要」變成「好吧，就現在」。

四種實用的啟動設計策略

1. 起手片段設計：不啟動任務，只啟動一段流程

不要寫「寫報告」，而是「打開週報資料夾、讀三行上週摘要」；不是「開始寫小說」，而是「複製昨天最後一句話、寫兩句對話」。把整件事切出「最初可做」的片段，才有可能啟動。

小康是一位接案插畫師，他曾經最怕的是面對空白畫布。後來他每天畫畫的第一步，不是構圖，而是「先畫一條線」。他說：「只要我先畫一筆，剩下的就會跟著出來。」這條線可能是背景的起點，也可能會被刪掉，但它讓整個畫面從靜止變成有生命。

2. 空間起點：讓工具、介面、環境先就位

啟動的難度有一大半來自「找東西、切工具、換場景」。如果你寫作的檔案總是藏在第六層資料夾、耳機永遠在別的抽屜，行為啟動一定卡。請先處理物理啟動點：把常用檔案放到桌面、把耳機固定放在鍵盤右上、設一個啟動區域。

薇綺是一名行銷企劃，負責撰寫社群文案。她在設定每日工作時，把行銷專案的主資料夾設為桌面快捷，每次開機會自動彈出 Notion 的工作區域、最近一次的文檔、和一份

「本週任務進度表」。她說：「我不用切視窗、不用找文件，眼睛看到什麼，手就能動什麼。」

3. 起始問題：幫自己設計「開始時該問什麼」

啟動不只是動手，也要幫助大腦「切換進入」任務狀態。請準備一套固定開場問題，例如：

- 我現在要完成的最小單位是什麼？
- 如果只能做三分鐘，我會做哪一段？
- 今天這件事的最早截止點是何時？

這些問題不會讓你突然變得超有效率，但會讓你知道從哪裡開始暖身。

志強是一位高中老師，為了備課，他設計了「備課三問卡」：我今天要講的三個重點是？學生最可能卡在哪裡？我要用哪個例子說明？每次打開備課檔前先寫這三個問題，讓他的備課進入狀態更快，也讓教學內容更聚焦。

4. 外部觸發點設計：讓環境提醒你進入狀態

大腦不是永遠有空去主動開啟狀態。你可以透過生活中已有的節點，搭配固定的提示建立「啟動觸發」：

- 每天早上泡咖啡時開一次行事曆，安排下面兩小時重點。

- 每週一下午開筆記軟體，複製上週最後一段重點。
- 每晚洗澡後讀一頁書，拿來記一段反思。

柔安是一位職場媽媽，每天回家後總是想打開筆電寫副業內容，但常被孩子干擾。她後來設定在晚上 9:30 鬧鐘響時，自動開啟 Google 文件、播放熟悉的輕音樂，孩子也知道這是媽媽「寫作時間」。這個節奏一穩定，行動就自動進入。

這些提示一旦穩定，就會變成啟動的節奏，不需動機支持，也能自動開場。

柏勳是一位內容設計師，每週要交一份數位提案。他說自己從來不怕做提案，但最怕的是「開第一頁」。他常常坐在螢幕前盯著空白頁面，然後想起還沒回的訊息、未看的廣告素材、桌面沒清理……等想到要做的事做完後，兩個小時已過，提案還是空白。

後來他開始做一件事：把「簡報起手片段」預設好，設三頁模版：

(1) 一句標題問題；

(2) 三張參考案例圖片；

(3) 一段語調說明範例。

他不需要想從哪裡開始，只要複製那個模版，填進一點資料，然後就會自動進入提案狀態。這樣的設計讓他提案的啟動時間從一小時縮短到五分鐘以內。

他的話說得很實在：「我不是變得比較會提案，是我不用再想怎麼開始提案。」

先開始的事，才有完成的可能

行動最難的地方，不在中段，而是在開頭。

當你常常說「我很想做，只是還沒開始」，你要問的不是：「我怎麼變得更有效率？」而是：「我該怎麼讓這件事更容易啟動？」

一個清楚可啟動的入口，是行動發生最重要的條件。請你試著重新設計三件事：

(1) 每天最常卡住的任務，哪一段可以被獨立成「只要三分鐘」的起手片段？

(2) 哪一件事可以設一個啟動模板，讓你一開啟就進入狀態？

(3) 哪一個時間點最適合穩定安排一個自動提示，讓行動浮出？

當行動的起手變得簡單，你會發現啟動是一種自然的節奏。從這裡開始，完成的可能才真正開始。

很多時候你以為自己拖延，其實只是沒有一個「好開始」的設計。你做得到，只是長期以來都習慣硬闖一條沒鋪路的入口，久了就以為「我是不是缺乏自律」。

但真相可能是：你只是從來沒學會幫自己設計一條「好開始的路」。

所以請你記得：行動是從順手開始的。只要起手變得清楚可做，推進的可能就會慢慢增加。

9-3
不用一次做完，只要開始就好

嘉文常說自己是個「最後一刻型」的人。主管交代週五前交報告，他總是週五凌晨三點才動筆。每當他想早點開始時，腦中就會浮現一種巨大的壓力：「我現在的狀態能一次完成嗎？」這個疑問一出現，他就會本能地延後，彷彿只要不開始，就可以暫時逃避那份「萬一完成得不好」的壓迫感。

這樣的情況並不少見。很多人面對一個任務時，最先浮現的不是「我可以從哪裡開始」，而是「我能不能一次就把它做完？」這種對完美執行的預設，其實正是讓行動停滯的原因之一。

任務本身並不可怕，真正讓人卻步的，是那個「不是一次搞定，就先不要做」的二元思維。

「一口氣完成幻想」，讓行動變得遙不可及

我們習慣將工作視為一個整體。報告就是整份報告、簡報就是整套簡報、收納就是整間書房。這種思考方式固然有

助於全盤掌握，但它也容易讓我們陷入一種執行上的心理錯覺——好像只有等到有完整時間、完整思緒、完整狀態時，才適合開始。

但現實生活中，這種完美條件幾乎不存在。

你會被臨時訊息打斷、會遇到資料不足、會因為身心疲憊而注意力分散。而當你發現眼前這件事不可能一口氣完成，於是又告訴自己：「那就等狀況更好再開始。」日復一日，推進就這樣被延後。

與其等待一個「可以一次做完的時機」，不如設計一個「可以從現在這裡動一小格」的節奏。

曉婷是一位在出版公司負責專案控管的執行編輯。每次編排完稿流程，她總是習慣先把所有的設計指令與校對需求寫成一份長信，然後一口氣寄給設計、排版、作者、校對人員，想說「都說清楚比較快」。

結果往往不是有人看漏，就是版本不一致：設計照著指令動了排版，但其實那段內容之後會被作者更新；校對回來時發現錯字修過了，但設計改的版本是前一輪的。她不斷在處理重工、誤會、時間延誤的收尾。

後來她改變做法：把整份作業依時序拆成三段通報，每段只對應當下的負責人與內容版本。第一封信只有設計初排需求與時間點，等版型確定再開第二封討論文案，最後才整合校對回饋交付最終版本。

流程速度沒有被拉慢，反而讓每段更清楚、每個人更安心，不再出現版本互踩的狀況。

她後來說：想「太快做完，就會讓大家一次出錯得更多。」

任務切分，是心理持續力的設計

所謂任務切分，是設計出一種能被接續、能被暫停、也能被再啟動的推進結構。

這樣的切法，關鍵不在於細緻，而在於「可承接性」—— 每一段都能清楚知道從哪裡開始、做到哪裡結束，下一段又怎麼接上。

這不只是一種工作技巧，更是一種心理支持機制。因為當你知道這一段做完就能停下、不必馬上解決全部，就比較不會被焦慮吞沒。你會知道：我只要先處理這個區塊就好。

切分做得好，會讓你產生一種節奏感 —— 讓你可以主動地安排任務的進展。

偉倫是一位科技業行銷主管，負責每月統整三個產品線的行銷回顧報告。他的工作強度高、時間零碎，每月交報告前總是焦慮到失眠。為了擺脫這種「壓力堆滿才衝刺」的模式，他找來一位專案顧問，重新設計整個報告製作流程。

顧問引導他將整份報告切成三個完全獨立的模組，每週各處理一個：

(1) 資料整理區塊：第一週集中收集三大數據來源，每份摘要不超過一頁；
(2) 圖表製作區塊：第二週每天下午專門製作 2 張關鍵圖表，集中處理格式；
(3) 文字分析區塊：第三週才撰寫文字結論，每天固定寫 1 段、修改前段。

這個流程讓他不再每天面對一個「巨大任務」，而是每天知道「今天只要處理哪一塊」。報告完成速度提升三成，壓力也分散到可掌握的節奏內。

他說：「最重要的不是分段，而是每段都知道『我今天只要推這一格』，讓我有餘裕。」

任務切分的四個實用原則

當你在面對一件需要完成的大事時，可以試著依照以下原則切分它：

1. 可起手（Ease-In）

每一段都要可以立刻展開，不需要轉換工具、不需大量準備。將「做簡報」寫成「填一頁文字框」；將「備課」寫成「選三個例子」。

2. 可預期（Containable）

每段工作有明確界線。「整理好三個段落提要」就是寫報告的任務邊界。

3. 可暫停（Pausable）

每段可在中途暫停而不破壞節奏。這代表你在設計時就要考慮「這段中斷後，下次怎麼接上？」例如：結尾留一句提示、標出下一步。

4. 可對接（Connectable）

每段做完後，可以直接銜接下一段，不需要再從頭來過。像拼圖一樣，每一塊完成都讓整體更清晰，避免陷入「做到一半全推倒」的狀況。

這四個原則，不只可以幫你做完事情，更可以讓你相信進度是有節奏可循、是可見、可掌控的。

任務沒有設計好切分邏輯時，最容易陷入以下兩種錯誤模式：

· 錯誤範式一：切太碎，反而變得難以銜接

瑄蓉是一名教育訓練顧問，她曾將一份數位課程拆成 18 個模組，打算「每個模組都精緻、每週上架一個」。結果內容寫到第七週就開始拖延，因為每個模組的銜接都需要重新設計開場、過場與結語，負擔反而比整份課程還大。

後來她將 18 個模組重新整合為三段式單元：每段包含教學＋練習＋回饋，邏輯順暢、節奏明確，整體製作時間反而更短。她說：「拆太細，讓我每週都要重新進入，沒有節奏可言。」

· 錯誤範式二：切得不完整，造成反覆重來

敬凱在電商公司負責季度簡報，過去總是先「找素材」、再「構思邏輯」、最後「設計簡報」，但這三段切法中，前段產出往往無法直接接到後段 —— 找出來的素材沒明確標記用途、分類也模糊，導致設計時還得回頭重做。

後來他調整方法：每一段切分時都「帶著下一段需求」來定義產出格式，例如：素材資料一律標示使用場景、頁

碼、是否需設計處理。這樣的前導設計，讓下段可以直接銜接，不需補漏洞，也更容易交付。

為什麼你需要「看到進度」，而不是只管完成

行為心理學指出，成就感不來自完成，而是來自「看見自己正在推進」的體驗。

這也是為什麼很多人用進度條、命名版本、記錄週誌等來讓自己產生可視化的掌握感。當一項任務有「被推進」的痕跡，你就會比較願意再回來接上；相反地，若每次都要從頭再想一次、再找一次、再整理一次，你自然會對這個任務失去親近感。

你不需要強迫自己完成所有的事，你只需要讓下一步永遠可見、可接、可預測。進度是靠你能不能在每一段任務裡，找到可以開始的點、可以停下的位置、可以承接的節奏。

從今天起，請不要再問自己：「我什麼時候要把這件事做完？」而是改問：「我可不可以先切出今天能推的這一小段？」

這個一小段，是你和任務之間的橋；是讓壓力變成動力

的設計；是讓生活與工作可以並存的開始。任務從來不該是一個巨石，而應該是許多可被移動的小塊。只要你願意先推動其中一塊，進度就會自然滾動。

當任務總是被拖延，不一定是因為你不夠努力，更多時候，是因為你從一開始就把它視為一個無法中斷的整體。你以為需要整塊時間、最佳狀態、完整資源才能開始。結果就是遲遲不動。

真正能讓你推進的，不是做得快，而是這件事能否被一段段持續完成。任務需要的不是強行完成力，而是被承接下去的設計結構。

請重新看待你面前那份遲遲未啟動的工作：它不需要一次被解決，只需要一次被分割為「你能動手開始」的版本。當它變得可拆、可接、可續，每一段都不必是完結篇，而是推進中可以留下紀錄的段落。

只要那段落夠清楚，進度自然能持續累積。

電子書購買　　爽讀 APP

國家圖書館出版品預行編目資料

別忙著加班，不要只當職場中的反應機器：你不需要更強，只需要更準！學會減法工作法、任務設計與節奏安排，從瞎忙跳脫到穩定高效 / 宋柏丞 著 . -- 第一版 . -- 臺北市 : 財經錢線文化事業有限公司 , 2025.06

面；　公分

POD 版

ISBN 978-626-408-295-2(平裝)

1.CST: 職場成功法 2.CST: 工作效率

494.35　　　　114007680

別忙著加班，不要只當職場中的反應機器：你不需要更強，只需要更準！學會減法工作法、任務設計與節奏安排，從瞎忙跳脫到穩定高效

臉書

作　　者：宋柏丞
發 行 人：黃振庭
出 版 者：財經錢線文化事業有限公司
發 行 者：崧燁文化事業有限公司
E-mail：sonbookservice@gmail.com
粉 絲 頁：https://www.facebook.com/sonbookss/
網　　址：https://sonbook.net/
地　　址：台北市中正區重慶南路一段 61 號 8 樓
8F., No.61, Sec. 1, Chongqing S. Rd., Zhongzheng Dist., Taipei City 100, Taiwan
電　　話：(02) 2370-3310　　傳　　真：(02) 2388-1990
印　　刷：京峯數位服務有限公司
律師顧問：廣華律師事務所 張珮琦律師

定　　價：375 元
發行日期：2025 年 06 月第一版
◎本書以 POD 印製